实用婴幼儿养育照护指导手册

戴耀华　覃耀明◎主编

中国妇女出版社

图书在版编目（CIP）数据

实用婴幼儿养育照护指导手册 / 戴耀华，覃耀明主编. -- 北京 ：中国妇女出版社，2024.1
ISBN 978-7-5127-2328-3

Ⅰ.①实… Ⅱ.①戴… ②覃… Ⅲ.①婴幼儿－哺育－手册 Ⅳ.①TS976.31-62

中国国家版本馆CIP数据核字（2023）第191626号

策划编辑：王海峰
责任编辑：陈经慧
封面设计：尚世视觉
责任印制：李志国

出版发行：中国妇女出版社
地　　址：北京市东城区史家胡同甲24号　　邮政编码：100010
电　　话：（010）65133160（发行部）　　65133161（邮购）
网　　址：www.womenbooks.cn
邮　　箱：zgfncbs@womenbooks.cn
法律顾问：北京市道可特律师事务所
经　　销：各地新华书店
印　　刷：小森印刷（北京）有限公司

开　　本：150mm×215mm　1/16
印　　张：13
字　　数：100千字
版　　次：2024年1月第1版　　2024年1月第1次印刷
定　　价：49.80元

如有印装错误，请与发行部联系

前 言

2018年，世界卫生组织、联合国儿童基金会和世界银行等基于全球前沿的研究成果，联合发布了《养育照护促进儿童早期发展——助力儿童生存发展、改善健康、发掘潜能的指引框架》，目的是促进养育照护政策、方案、服务的全面提升。该框架围绕儿童体格、运动、语言、认知、社会情绪5个领域的全面发展，聚焦于良好的健康、充足的营养、回应性照护、早期学习机会、安全与保障5个方面，提出了促进儿童实现最佳早期发展的建议。

婴幼儿养育照护是儿童保健工作的重要内容，也是家长最关注的问题。孩子来到这个世界，家长往往很难适应孩子的变化，总感觉忙碌了一天已经很累，哪儿还有心情关注科学育儿。然而，面对孩子不断出现的“问题”，家长又特别需要养育知识的指导。

在中央电视台的《多彩少年》节目中，我们看到很多记忆力超强的天才，以及很多小小运动健将，他们在不断挑战极限。其实，他们的才能都是通过从小接受训练获得的，并非天生如此。他们的非凡能力证明，孩子的大脑潜能、运动潜能是无限的，应合理开发。

为了使家长掌握婴幼儿养育照护的基本知识，本书用比较简短的篇幅介绍相关内容，目的是帮助家长养育优秀的孩子。具体来讲，本书共分为五章——新生儿生理特点及照护要点、婴幼儿营养与喂养、婴幼儿大脑发育与早期开发、婴幼儿运动发育规律与早期促进、婴幼儿疾病防治新理念，详细介绍了婴幼儿的生理特点及养育误区，并提出了解决方案，通俗易懂，可操作性强。本书还特别提出，支持孩子发热，不滥用药物退热，促进孩子免疫系统发育，提高孩子抗病能力的防病新理念，值得好好实践。

本书适合基层儿童保健工作人员和婴幼儿家长参考使用。

戴耀华

2023 年 6 月

目 录

第一章

新生儿生理特点及照护要点

第二章

婴幼儿营养与喂养

第六章

常见检验报告部分项目的识别

第一章

新生儿生理特点及照护要点

新生儿生理特点（新生儿正常表现）

呼吸

主要为腹式呼吸，就是膈肌上下运动呼吸，表现为腹部的起伏，呼吸浅，频率快。出生两天后每分钟呼吸20～40次，呼吸不规律，时快时慢。

心，血管

心脏卵圆孔关闭：在出生后数小时卵圆孔会自动功能性关闭，也存在数月后卵圆孔才关闭的情况。

动脉导管关闭：动脉导管功能性关闭发生在出生后15小时内或者3周后。新生儿心跳120～140次/分，安静睡觉时心跳会减慢，哭闹时会加快。

肝脏功能

新生儿肝脏尚未发育成熟，但仍然可以发挥其主要的功能。

一、生理性黄疸

黄疸与肝脏功能活动有关。

新生儿出生3日出现黄疸（浅黄），正常范围是4～12mg/dl，在5日后快速下降，2周内消失。如果24小时内出现黄疸，色深或者超过2周还未消失，则称病理性黄疸，必须及早治疗，治疗要彻底。蚕豆病的孩子容易出现此情况。

二、铁质储存

对新生儿而言，肝脏是铁元素的主要来源。新生儿出生时体内已储存了一定量的铁质。如果母亲在孕期摄取了足量的铁质，新生儿出生后体内的铁储备一般可以维持 4 ～ 6 个月。

三、凝血功能

若肝脏功能不健全，新生儿可能会出现凝血因子缺乏的问题，从而出现凝血功能相关问题。因此，在出生后立即预防性注射维生素 K_1，可防止新生儿出现出血问题。

四、糖类的代谢

新生儿体内的葡萄糖以肝糖原的形式储存在肝脏内，当体内葡萄糖不足时，肝糖原即分解成葡萄糖进入血管，以维持有效的血糖浓度。若新生儿窒息或低体温时会使体内的葡萄糖快速耗尽。

胃肠道系统

刚出生第一天的新生儿其胃容量为 5 ～ 7 毫升，第三天新生儿胃容量可达 22 ～ 27 毫升，第七天新生儿胃容量可达 45 ～ 60 毫升，将满月的新生儿胃容量可达 80 ～ 150 毫升。所以，新生儿少吃多餐是符合其胃容量的生理现象。由于新生儿的胃部呈水平状，且胃上部的贲门括约肌发育不全，所以新生儿在喂奶后常出现溢奶现象是正常的。

90% 的新生儿在出生 24 小时内排出第一次胎便。胎便通常无味、浓稠，呈黑色或深绿色。

体重变化

新生儿从出生开始，3 天内因脱水体重下降，7 ～ 10 天体重恢复至出生时水平，至满月体重增长 1 千克以上（须保持平均每天增加 30 克以上）。

神经系统

新生儿的神经系统发育不完全。1 月龄内手多数处于握拳状态，一般表现为拇指在内，四指在外握持，睡着时可以松开；2 月龄时手有时打开，有时握拳；3 ~ 4 月龄时手完全处于张开状态。如果在 3 ~ 4 月龄后双手仍然紧握，则为异常情况。家长要注意观察，孩子若持续这种状态，需带孩子看医生。若出现拥抱现象，属于正常生理现象。

母亲激素对新生儿的影响

出生最初几天，受母体激素的影响，新生儿会发生乳房肿大并分泌类似乳汁的物质，这是正常现象。女婴有时会出现假月经及阴唇肥大的现象。激素逐步减少后会自然消失，不必干预。

代谢功能与体温调节

一、代谢功能

新生儿出生后，母亲无法为其提供葡萄糖及钙，容易造成低糖血症、低钙血症，尤其是在刚出生的第一天，容易引起新生儿抽搐。

二、体温调节

新生儿体温调节中枢尚未完全成熟，同时受周围环境的影响，易导致体温失衡。此外，新生儿体表面积大，皮下组织较少，皮肤层较薄，且血管分布于近皮肤的表面，使新生儿的体温容易散热。所以，须密切注意保温。

马牙

一些婴儿在出生后 4 ～ 6 周时于口腔上腭中线两侧

和齿龈边缘出现的一些黄白色小点，很像是长出来的牙齿，也称板牙，医学上叫作上皮珠。上皮珠是由上皮细胞堆积而成，是正常的生理现象，不是病。马牙不影响婴儿吃奶和乳牙的发育，它会在婴儿出生后的数月内逐渐脱落。有的婴儿因营养不良马牙不能及时脱落，这不需要处理。

抗病能力

新生儿在胎儿期通过胎盘从母体获得抗病物质，使自身在出生后6个月内对多种疾病具有抗病能力。另外，婴儿从母乳中获得益生菌（双歧杆菌），建立了肠道菌群，有利于消化吸收。所以，吃母乳的孩子是不用另补益生菌的。

新生儿照护要点

注意保温护理

由于新生儿体温调节机能差，所以对宝宝来说，冬天要保暖，夏天要防暑降温，平时要根据气温的变化及时增减衣服。可通过观察手脚温度来判定宝宝是否穿得合适。如果手冷，说明上身穿得不够；如果脚冷，说明下身穿得不够；手脚温暖说明穿得合适。如果宝宝的颈部、背部黏黏的，像出汗，说明穿得太多了。如果宝宝的体温高于37.5℃，或者达到38℃时，要看是否包得太严影响散热，松开包布半小时后再测体温。

注意居住环境

居住环境要特别注意两个因素：一是通风因素，新生儿的居住环境要求有适当的通风气流；二是要避免噪声因素。

注意皮肤护理

新生儿皮肤娇嫩，容易受到损伤，因而接触动作要轻柔。新生儿衣着要宽松，质地要柔软，不宜钉扣子或用别针。要用温水擦洗皮肤皱褶处，每次大小便后小屁股要清洗干净，并用毛巾擦干。

注意脐带护理

在新生儿脐带未脱落时，每天用碘附或 95% 浓度的酒精消毒脐部一次，然后用消毒纱布盖上。脐带未脱落时，不建议每天洗澡。孩子皮肤很嫩，分泌皮脂有保护皮肤的功能。脐带脱落后，可以不用纱布，但必须保持脐部清洁干燥。若发现脐部出现红肿或脓性分泌物，则应找医生进行消炎处理。

保证充足的睡眠

宝宝需要保证充足的睡眠。没有足够的睡眠，宝宝的身体、情感和心智的发展都会受到影响。新生儿的睡眠时间不规律，随时都可能睡觉，对他们来说没有什么昼夜之分，家长此时应做的是帮助宝宝建立觉醒规律，再逐步培养睡眠规律。这可能需要一个很长的周期，家长要有耐心，培养宝宝养成良好的睡眠习惯，只有这样才能保证充足的睡眠。

处理特殊生理现象

新生儿的乳房在生后 4 ~ 5 天可能出现轻度肿胀，并有少许乳汁溢出，7 ~ 10 天达到高峰。这是因为母亲在妊娠后期体内分泌雌激素（孕激素及催乳素），致使胎儿通过胎盘吸收了较多的激素所造成的乳腺一过性肿胀，无论男孩、女孩都有可能出现，属于正常的生理现象，2 ～ 3 周即可消失。家长千万不要挤压孩子的乳房，以免引起感染。女婴出生后数天内还可能出现阴道有黏液或血性分泌物，以及红尿、红斑、色素斑等，这些情况几天后就会自然消失，不必特殊处理，注意保持局部清洁即可。

生理性黄疸的观察与护理

新生儿出现黄疸后一般情况良好，无不良反应，称为生理性黄疸。如果黄疸很重或者 2 周仍未消退，称为病理性黄疸，应到医院就诊。正常母乳喂养的孩子，如怀疑黄疸为母乳过敏所致，可停喂母乳 5 天后测黄疸，若黄疸明显下降，就有可能是母乳过敏，应该先停喂母乳。如果黄疸没有下降就不是母乳过敏，应继续母乳喂养。

新生儿体位

除妈妈抱起喂奶外，建议新生儿保持卧床休息。应保证新生儿有足够的睡眠时间，每日睡眠 18 ～ 20 小时。最好采取侧卧位，尤其喂奶后应向右侧卧，而平时采取左、右侧卧轮转为宜。经常变换体位，可防止宝宝睡偏头。不建议宝宝长时间仰卧，此种体位如遇到宝宝溢奶，容易引起窒息。不建议新生儿用枕头，如想枕一下头部，可以枕一块折叠的毛巾。

正确处理溢乳

新生儿胃上部贲门括约肌松弛，胃下部的幽门括约肌相对较紧张，胃容量小，胃呈水平位，故易发生溢乳。喂奶后应将新生儿竖抱，轻拍后背，宝宝排出咽下的空气后取右侧卧位。宝宝少量溢乳属正常现象，不应按呕吐治疗。

第二章

婴幼儿营养与喂养

营养分类与功能

三大营养素

一、蛋白质

蛋白质分为结构蛋白和功能蛋白。结构蛋白是构成细胞、组织和器官的一类蛋白。功能蛋白是核酸、酶、肌蛋白、免疫球蛋白、白蛋白、脂蛋白、血红蛋白及各种载体蛋白等，主要调节人体的生理功能，如神经反应、免疫功能（抵抗力）、运动功能等。蛋白质还可提供能量（占一天能量提供的10% ~ 15%）。孕妇和哺乳期妈妈要保证蛋白质的摄入。1 ~ 2 岁幼儿每天应摄入35 克蛋白质，2 ~ 3 岁幼儿每天应摄入 40 克蛋白质。如果蛋白质摄入不够，幼儿会出现营养不良，同时也可因蛋白质缺乏而出现抵抗力下降，从而出现反复发热、咳嗽等现象。

二、脂类

脂类包括脂肪和类脂。脂肪由脂肪酸和甘油组成，是人体脂肪组织的主要成分。类脂包括磷脂和固醇，分别是生物膜和固醇类激素合成的前身。所以，脂类可提供能量，组成生物膜，提供必需脂肪酸，组成人体细胞组织成分。

胎儿在生长发育，特别是大脑发育的过程中需要大量的磷脂、必需脂肪酸，所以要注意磷脂和必需脂肪酸的补充。孕妇和哺乳妈妈的膳食中脂肪摄入量要占一天能量的 20% ～ 30%，以保证胎儿和婴儿获得足够的能量及大脑发育所需要的磷脂。1 岁以后的幼儿脂肪需要量占一天能量的 30% ～ 35%，应保证摄入适当的脂肪。

三、碳水化合物

碳水化合物一般指淀粉类食物，即所谓的主食，主要为人体提供能量。其特别的生理功能还有：组成糖脂、糖蛋白和蛋白多糖等参与生命活动；增强肠道的蠕动，促进排便；有解毒功能；能量充足可以减少蛋白质的消耗，能量过剩可以合成脂肪增加体重。所以，孕妇、哺乳期妇女、儿童保证足够的主食摄入也是非常重要的。

常量和部分微量营养素

一、钙

钙是常量营养素，99% 的钙存在于骨头和牙齿中，只有 1% 的钙存在于血液和组织中。钙的生理功能有构成骨骼和牙齿、维持神经肌肉的兴奋性、稳定生物膜结构、维持毛细血管的通透性、调节某些激素和神经递质的释放、调节酶的活性、参与凝血过程。

1. 钙的生理需求

推荐孕妇每日摄入钙 1000 ～ 1200 毫克。由于食物中提供的钙不足每日需要量的一半，因此孕妇每日至少应补充 600 ～ 800 毫克钙，哺乳期妇女每日应补充钙 1200 毫克，由此才可保证乳汁钙含量的稳定。儿童每日钙推荐量为半岁以内 300 毫克，半岁以上至 1 岁 400 毫克，1 ～ 4 岁 600 毫克。

2. 钙在身体内代谢的特点

身体里的钙绝大部分（99%）存于骨骼和牙齿中，只有少部分（1%）存于血液和组织中。当血液和组织中钙减少时，就会分解骨骼中的钙来补充。身体的钙平衡有三种状态：

（1）正平衡，指钙吸收多、排泄少，在体内存留多；

（2）零平衡，指钙吸收和排泄相等；

（3）负平衡，指钙吸收少、排泄多，血液和组织中的钙不够，就会分解骨骼中的钙来补充，时间长了就会出现骨密度下降，如果不补充钙，就可能出现骨质疏松。这个时候化验血钙可能出现检测值正常。

3. 钙的缺乏

简称缺钙，指长时间出现钙代谢负平衡。宝宝钙缺乏往往会出现多汗，表现为睡着时满头大汗、睡眠不好。缺钙引起的睡眠不好的具体表现为入睡困难、浅睡眠多、睡觉时在床上滚来滚去，大孩子还有多梦现象。同时还会出现佝偻病体征，如枕秃、额骨凸出、肋缘外翻等。

4. 引起钙缺乏的原因

（1）钙需要量大。孕妇钙的生理需要量大，而钙的吸收率低，容易出现钙缺乏；孩子生长发育钙需要量大，虽然钙吸收率比成人高，但也容易摄入不足。

（2）食物中钙摄入不足。牛奶中钙含量高，但部分幼儿一天吃 500 ～ 600 毫升奶以后不愿吃主食，造成体重增长慢，达不到中位数。此时，应该另外补充钙。

（3）维生素 D 不足。维生素 D 是调整钙代谢的重要营养素，特别是促进钙的吸收。由于日常生活中大家强调防紫外线，导致晒太阳机会减少，失去了很多天然补钙的机会。而维生素 D 的食物来源很少，几乎不可能满足人体需求，所以，大多数人维生素 D 不足和缺乏比较明显，进而影响钙的代谢。

5. 血清钙

来自 2021 年血清钙检测数据表明，30269 例妇女中，非妊娠妇女 10428 例，缺钙占 4.89%；孕妇 19841 例，缺钙占 12.08%，其中孕早期缺钙占 4.08%，孕中期缺钙占 7.94%，孕晚期缺钙占 13.76%。5838 例新生儿中缺钙占 29.08%，低于对照值中位数达 69.92%。36109 例少年儿童中，缺钙仅占 1.21%，但低于对照值中位数达 58.51%，说明少年儿童中血清钙偏低仍是主流。

6. 儿童缺钙的表现

刚睡着时满头大汗，入睡困难或者睡眠浅（在床上滚来滚去），有的孩子半夜惊醒。2 ~ 8 月龄的孩子有明显枕秃，部分 6 ~ 11 月龄的孩子有肋缘外翻，4 ~ 8 岁的孩子有的经常叫腿痛或者浅睡眠（睡觉做梦多），这些现象都有缺钙的可能。而婴幼儿缺钙往往还有头发细、黄、竖起来、无光泽的现象。如果化验血清 25- 羟维生素 D 不足或者缺乏，血清钙在偏低范围，则在补充维生素 D 的同时也应该补钙。

7. 如何补钙

孕妇补钙可以防止新生儿缺钙，一般建议吃钙片，并建议饭前半小时空腹吃，这时胃酸高，钙片容易分解出钙离子，便于吸收。便秘者建议口服液体钙。由于孩子胃酸比较少，建议补充液体钙。

补钙多会中毒吗？钙的代谢有多种内分泌调节，不会引起高钙或中毒。《中国儿童钙营养专家共识（2019年版）》指出：由过量钙制剂摄入所导致的高钙血症十分罕见。说明口服钙是非常安全的。

长期补钙会影响孩子生长发育吗？有人认为：补钙多了就有可能使骨头变硬，孩子就不长个儿了。这种观点是错误的。孩子长高的原理是：长骨端有软骨中心，不断由以钙为主的矿物质沉积变硬延长，长骨变长人就能长高了。软骨中心会受到生长激素的调节，而大脑分泌生长激素是在晚上深睡眠时，如果孩子钙不足或缺乏，就会出现浅睡眠，在床上翻来翻去，影响大脑分泌生长激素。一般来说，3～8岁的孩子容易出现钙缺乏，在化验生长激素时会出现结果偏低。生长激素偏低会影响孩子的生长发育，引起身高偏低。由此可见，补钙可以调整孩子睡眠，使生长激素分泌正常，有利于孩子生长发育。

二、铁

铁是人体所需的微量元素之一。铁元素参与血红蛋白的合成，也是部分酶的组成成分，包括细胞色素、细胞色素氧化酶、过氧化酶、核苷酸还原酶、单胺氧化酶，还参与DNA的合成、氧化反应、神经功能调节等功能活动，以及维持免疫功能。

1. 缺铁对身体的影响

（1）缺铁会引起孩子贫血；

（2）缺铁会导致孩子智力行为发育不良；

（3）缺铁会损伤孩子的大脑；

（4）缺铁可造成孩子智能障碍。

来自 2020 ~ 2021 年产科门诊 16109 例孕妇的案例分析，其中出现贫血的占 26.29%，是孕妇总数的四分之一，应当引起我们的重视。

2. 缺铁原因

身体储存的铁耗尽、摄入不足、需要量增加（孕妇、婴幼儿，特别是早产儿、低体重儿）。

3. 缺铁如何矫正

（1）膳食补铁。食物中的动物血和动物肝补铁效果最佳，一周各吃 1 ~ 2 次，就可以有效补充铁剂。婴儿食用强化铁米粉也可以有效补铁。

（2）药物补铁。如果孩子缺铁严重，可在医生指导下补充铁剂。应选择副作用小、口味好，孩子容易接受的铁制剂。

三、维生素D

维生素 D 能够促进钙的吸收，能把血液中的钙转移到骨头，促进肾脏钙的重吸收，减少钙的排泄，从而保持钙的正平衡。实践中发现维生素 D_3 的功能比维生素 D_2 好。

1. 特殊人群维生素 D 的摄入状况分析

以下为来自 2021 年的检验数据。

（1）4438 例妇女 25- 羟维生素 D 化验报告显示，结果正常只占 20.75%，缺乏达 29.13%，不足达 50.12%。

（2）148 例新生儿维生素 D 检测结果中正常占 16.89%，缺乏占 41.22%，不足占 41.89%。

（3）少年儿童中由于从出生几天开始口服维生素 D 至 2 岁，所以对 12108 例少年儿童的血清维生素 D 检测结果显示，3 岁以下婴幼儿血清中 25- 羟维生素 D 检测结果正常达 80% 以上。由于 3 岁以后不再常规吃维生素 D，所以血清 25- 羟维生素 D 含量随年龄增大而逐步降低，7 岁以后血清 25- 羟维生素 D 正常人数降至 50% 以下，15 岁及以上血清 25- 羟维生素 D 正常的人数不足 20%。由此说明，年龄越大，维生素 D 缺乏和不足比例越大。

2. 维生素 D 不足和缺乏原因

食物中摄入不足，晒太阳少，没有及时补充维生素 D，一些药物的使用（如抗癫痫药）。

3. 维生素 D 补充方法与技巧

（1）维生素 D 制剂的选择。可选择维生素 D_3 胶囊，含维生素 D_3 400IU；维生素 AD（伊可新），小剂型含维生素 A1500IU，维生素 $D_3$500IU，大剂型含维生素 A 2000IU，维生素 $D_3$700IU。还有一种维生素 AD 制剂含维生素 A1500IU，维生素 $D_2$500IU，由于维生素 D_2 功能比维生素 D_3 差，所以不推荐服用含维生素 D_2 的维生素 AD 制剂。

（2）维生素 AD 或者维生素 D 口服的技巧。可按照说明书直接挤进孩子的嘴巴。然而临床实践中发现，由于剂量小，将维生素 AD 或维生素 D 挤进婴儿嘴巴后会被孩子含在嘴里，过一些时间后会随口水流出，所以效果不佳。因此，喂婴儿维生素 AD 或者维生素 D 的方法是：用小勺盛半勺奶，把维生素 AD 或者维生素 D 挤进奶中直接喂或者在某一次孩子吃奶快饱时，把乳头拉出，将维生素AD或者维生素D挤进孩子嘴巴后再喂奶，孩子在吞奶时就会把药吞下。已添加辅食的婴儿可以用小勺盛半勺菜汤，把维生素AD或者维生素D挤进菜汤中喂。幼儿及儿童可以直接将胶囊放入嘴巴，咬破后用菜汤送服（胶囊可吃）。

（3）维生素AD或者维生素D口服剂型的选择。《中国儿童维生素A、维生素D专家共识》（2021年）推荐，维生素A、维生素D同补的方式具有合理性，适合我国目前儿童状况。剂量建议：1岁以内婴儿每天口服1粒小规格维生素AD（伊可新，绿色包装，含维生素A 1500IU，维生素D500IU）；1岁以上儿童每天口服1粒大规格维生素AD（伊可新，粉色包装，含维生素A 2000IU，维生素D700IU）；青少年和成年人根据自身需求可以选择性服用维生素AD或维生素D。

（4）维生素AD或者维生素D口服持续时间。根据

《儿童保健学》第四版推荐，一直持续至青少年阶段。2021年少年儿童血清25-羟维生素D检测结果表明：孩子年龄越大，维生素D不足和缺乏越明显，说明书本中推荐口服维生素AD或者维生素D持续时间跟目前少年儿童维生素D需求状况一致。

4. 多动症可能与维生素D不足和缺乏有关

一组来自2021年就诊的多动症病例的年龄分析，多动症就诊的年龄集中在6～10岁。这一年龄组少年儿童血清25-羟维生素D检测结果出现不足和缺乏大于50%，说明诊断多动症的部分孩子可能是因维生素D不足或者缺乏造成钙代谢障碍而出现好动。这一年龄组的孩子需要补充维生素D。

5. 孕妇如何补充维生素D

2021年，某医院检验科在4438例妇女血清维生素D检测结果中发现，维生素D缺乏和不足人数占

79.25%，这说明孕妇需要补充维生素 D。建议孕妇服用含维生素 D_3 的维生素 AD 剂型，口服剂量为含维生素 D_3 500IU 的维生素 AD 一天一粒，也可隔天服用一颗含维生素 D_3 700IU 的维生素 AD。虽然这两款维生素 AD 分别注明适用年龄为“1 岁以下”和“1 岁以上”，但只是剂量大小的区别，并不是只能用于 1 岁以下和 1 岁以上两种年龄的婴幼儿，而是完全适用于少年儿童和成人。

6. 关于口服维生素 D 中毒的问题

一般情况下口服维生素 AD 或者维生素 D 是不会中毒的，因为书本中提到的中毒通常服用剂量很大。最敏感的小儿每日口服 4000IU（维生素 D_3 胶囊 10 粒），连续服用 1 ~ 3 个月即可中毒。也就是说，口服 12 万 ~ 36 万 IU 才会中毒。如果口服稍大剂量的维生素 AD（含维生素 $D_3$700IU）每日一粒，1 个月总量为 2.1 万 IU，一年总量为 25.55 万 IU，是不会造成中毒的。2021 年，我们在对 12256 例少年儿童血清 25- 羟维生素 D 检测的结果中发现，只有 1.16% 偏高。由此可见，正常口服维生素 AD 或者维生素 D 是不会造成中毒的，说明口服剂量是安全的。

保护、支持、促进母乳喂养

母乳喂养的好处

一、对孩子的好处

给孩子提供充足的营养，提供抗病物质和足够的水分，促进母婴情感交流，促进孩子脑发育。

二、对妈妈的好处

促进产后康复，减少产后出血和贫血，抑制排卵有避孕效果，能降低乳腺癌和卵巢癌的发病风险，增进母婴感情。

三、母乳喂养要求

纯母乳喂养至 6 个月，持续喂养至 2 岁。母乳喂养要做到按需哺乳（孩子想吃就给吃，孩子睡够 3 小时要叫他起来吃)。妈妈要亲喂，因为亲喂可以促进催乳素分泌，刺激乳房分泌更多乳汁，同时分泌催产素可促进妈妈子宫收缩，减少出血，有利于妈妈康复。挤奶喂或者吸奶器喂是没有这种效果的。

母乳喂养的误区

一、妈妈的奶不够，要加奶粉

孩子刚出生几天会出现每次吃几口就睡觉，但频频吃奶的现象。很多妈妈认为这是因为自己的奶不够造成的。其实不是这样。从孩子的胃来说，刚出生第一天的孩子，胃大约只有成人拇指头那么大，出生三天后，孩子的胃也只有成人脚拇指头那么大，出生一周后，孩子的胃只有乒乓球那么大，所以，吃几口奶就饱了。由于吃的量比较少，饿得自然就快，所以会频频吃奶。这是正常现象，妈妈不用担心母乳不够而早早就给宝宝添加奶粉。

二、孩子的肚子经常咕噜咕噜响，是消化不良吗？

听到孩子肚子咕噜咕噜响就认为是消化不良，这是错误的。人的肠道每天不断地蠕动才能把食物往前推，而肠内有大量的水，推动时就会发出声音，因为孩子肚皮薄，声音传导大，我们就会听到咕噜咕噜的声音，这是正常现象。

三、监测孩子每餐吃多少，不是更科学吗？

这种做法是错误的。每个孩子都不一样，个子小的孩子不一定吃得少，个子大的孩子不一定吃得多，因人而异，应按需喂养。用每餐吃多少来监测孩子是没有意义的，需要监测的是孩子体重增长幅度，只要孩子体重增长幅度达到正常范围（每天增长30克为好）就说明喂养成功。

四、给孩子使用安抚奶嘴会使孩子更安静吗?

目前，市场上有各种各样的安抚奶嘴，部分家长认为孩子用了安抚奶嘴确实不哭，很好带，其实这样的做法是错误的。第一，孩子使用安抚奶嘴后确实变得很安静，但这样做其实剥夺了孩子哭的权利，孩子无法用哭声表达诉求，而哭是孩子与大人沟通的正常途径，是孩子语言学习的基础，没有哭声会影响孩子的语言学习，对语言发育不利；第二，安抚奶嘴会使孩子产生依赖；第三，安抚奶嘴会使孩子产生奶头误判，影响母乳喂养；第四，孩子身体不舒服时会通过哭提出诉求，当孩子的嘴巴被安抚奶嘴堵住了，没办法哭，家长无法第一时间判断孩子是否生病。

综上所述，不建议给孩子使用安抚奶嘴，给孩子应有的诉求权利，也有助于孩子的语言发育。

喂养中涉及的其他问题

问题一：如何观察孩子的大便？

随着年龄的增长和食物的刺激，孩子的胃肠道会逐步发育成熟，排出的大便也会不断发生变化，所以，用大便的变化来判断是否消化不良是不科学的。只要孩子不哭不闹，吃得好，睡得好，情绪好，以下情况都是正常的。

1. 孩子吃后立即拉大便

这是因为进食时反射性引起胃肠道的蠕动加快，就有大便排出的可能。

2. 换尿不湿时，经常有点大便

这是孩子在排尿或排气时，有大便跟着排出来，是正常现象。

3. 有时大便有点像奶瓣

孩子的胃肠道未发育成熟，不可能吸收所有的食物，这种情况也是允许出现的。

4. 5 天内不拉大便

由于奶液中水分含量占 88% ~ 90%，食物残渣少，加上有部分妈妈没有按时吃好一日三餐，比如，每餐主食吃得少，母乳中能量不够高，缺乏对孩子胃肠道的有力刺激，孩子肠道活动不够活跃，孩子的大便就会变少。

5. 孩子有时爱放屁

孩子肠道菌群有产气的功能，菌群产生的气体要排出来，所以孩子放屁是正常的生理现象。

6. 孩子大便有不消化的食物残渣

有的家长经常查看孩子的大便，闻气味，看颜色，看是否有食物残渣，以此判断孩子消化好不好。这是不科学的。不同的食物会有不同的气味，没有必要天天去闻孩子大便的气味。有些食物确实没有切碎是不会消化的，加上孩子胃肠道正在生长发育阶段，要求孩子胃肠道消化吸收完所有吃进去的食物是不现实的，大人消化吸收也是如此，更何况是孩子。因此，不建议看孩子大便来决定喂养方式。

问题二：如何判断孩子是否便秘？

便秘的诊断包括排便时间延长（母乳喂养的孩子超过 5 天不拉，添加辅食后的孩子超过 4 天不拉），大便硬结、呈颗粒状（羊屎样），有便意但排不出来。不具备以上症状不能诊断便秘。

很多家长判断孩子便秘的条件只是孩子排大便的间隔时长。大便间隔时间延长有几种情况：一是母乳喂养的孩子大便间隔时间延长跟妈妈血糖偏低有关。有的妈妈上午 11 点以后才吃早餐，有的饭前喝汤，主食吃得少。二是已添加辅食的孩子可能喂养不够或者食物中膳食纤维含量少，对排便不利。三是有其他疾病的孩子也会引起排便间隔时间延长，如巨结肠症、个别代谢性疾病等。在这里要提醒一下各位家长，不要给孩子过度使用开塞露，要寻找孩子便秘的原因，再针对原因进行处理。

问题三：如何判断孩子腹泻？

腹泻是多病原、多因素引起的以拉肚子为主的一组疾病。主要特点为大便次数增多和性状改变，可伴有发热、呕吐、腹痛等症状。目前，由于轮状病毒疫苗的应用，腹泻已经明显减少，所以，要求孩子都要接种轮状病毒疫苗。不能以量少、大便次数多来诊断腹泻。

问题四：大便有血丝是不是患有胃肠道疾病？

大便有一点点鲜红的血丝一般是孩子大便时用力过

猛造成肛裂引起的。也可能是肛门息肉引起，但肛门息肉一般出血量比较多，部分孩子排便用力时肛门会有一坨肉掉出来，拉完大便又不见了。化验大便无法知道真实情况，如果家长不放心，可以到医院外科看看肛门有没有息肉，如果真有息肉，出血量较多，建议及时处理息肉。

问题五：孩子吐奶是生病了吗？

孩子在发热、腹泻时都有可能出现呕吐，但孩子在没有生病的情况下出现的吐奶（也叫溢奶），是因为孩子胃容量小，且呈水平位，吃完后奶容易倒向胃底，当奶刺激胃底时，奶就容易吐出来，以减轻胃的压力。另外，孩子吃奶太快会吞下空气，也可能出现溢奶。处理办法是宝宝吃完奶后将其竖着抱 10 ～ 15 分钟，使胃中的奶一部分送到肠道，减少胃内奶量。不要横抱着孩子摇晃、不要喂得太饱、不要让孩子吃得太急，做到这些就可以有效减少孩子溢奶。

问题六：3个月的孩子这几天不爱吃奶，是不是进入厌奶期了？

所谓厌奶期，是婴儿生长发育过程中的一种常见现象，通常发生在 3 ~ 6 月龄。孩子到了 4 个月左右，乳牙开始萌出，这会刺激牙龈，引起牙龈的不适，孩子可能出现咬奶嘴或奶头，甚至吃奶减少的情况。另外，由于添加了辅食，辅食的味道多种多样，孩子开始对味道单一的奶不感兴趣，所以出现了“厌奶”的表现。宝宝厌奶的症状约持续一个月就会恢复正常，家长不必焦虑。但家长要注意孩子是否为病理性厌奶。病理性厌奶的婴儿不会自愈，需要针对病因及时干预治疗。

问题七：婴儿要不要戒夜奶？

所谓夜奶，是孩子晚上睡觉时起来吃奶，是婴儿正常的生理现象。婴儿尚未实现一日只吃三餐的规律生活，特别是 6 个月以内的婴儿的食物只有母乳，饿得快，夜里必须起来吃才能维持血糖正常。1 岁半至 2 岁以上的孩子已经可以规律地吃一日三餐，饮食可以满足生理需要了，但如果夜里仍要多次吃奶就应该给孩子戒夜奶。实践经验表明，缺钙的孩子夜里容易醒，醒来就想吃东西，所以可以通过补钙来解决夜里易醒的问题，而不是讨论戒不戒夜奶，更不能对 3 ～ 5 个月的婴儿戒夜奶。

问题八：妈妈努力喂奶，但为什么孩子的体重增长总是不达标？

在母乳中，促进孩子体重增长的重要成分是能量、脂肪和乳糖。如果妈妈不吃肉类或者早餐吃得晚，每餐都控制主食量，孩子获取的能量不够多，脂肪摄入偏少，体重增长就慢。所以，母乳喂养的婴儿体重不增首先要看妈妈是否按时吃好一日三餐，每餐的主食是否吃够，是否适量摄入脂肪。如果妈妈食欲很好，那就应该看看孩子是否有先天性疾病或者代谢性疾病。

问题九：孩子应不应该补充益生菌？

正常情况下孩子是不需要额外补充益生菌的，因为母乳中含有益生菌，只要母乳喂养一周，孩子肠道中的双歧杆菌就能达到97%，说明母乳含有足够的双歧杆菌。如果是人工喂养的孩子，可以补充益生菌，一般以补双歧杆菌为主，使用方法从一天1～2粒，适应一个月后每日服用3粒，饭后服用，建议持续服用3个月。下面介绍两种益生菌剂型。

第一种，双歧杆菌三联活菌肠溶胶囊（贝飞达）。它内含双歧杆菌、嗜酸乳杆菌、粪肠球菌，具有双歧杆菌功能，可以产生乳酸和醋酸，可提高钙、磷、铁的利用率，促进铁和维生素D的吸收，适合人工喂养的婴儿和儿童使用，特别是放屁比较多、比较臭，乳糖相对不足的孩子。使用方法是先每日服用1粒，逐步过渡为每日服用2粒，适应1个月后每日服用3粒，建议吃3个月。

第二种，双歧杆菌三联活菌片（金双歧）。它含有双歧杆菌、嗜热链球菌和乳杆菌，具备双歧杆菌功能，能产生 β-半乳糖苷酶的细菌，可以帮助乳糖的消化，适合人工喂养的婴儿和儿童，更适合乳糖不耐受的孩子使用。使用方法从每日 1 粒过渡到每日 2 粒，适应 1 个月后每日服用 3 粒，建议吃 3 个月。也适合成人调整肠道菌群。

一般情况下，在腹泻时使用的益生菌，可作为短期应用。不建议在食物或其他药物中使用除双歧杆菌外的其他益生菌，以免影响孩子肠道菌群的形成。

问题十：孩子不吸奶嘴怎么办？

宝宝 6 个月以后，有些妈妈因为母乳不足需添加奶粉，家长在添加奶粉时发现孩子不吸奶嘴，很焦虑，不知所措。遇到这种情况，家长可以直接用小勺子喂奶。勺子喂可以为添加辅食创造喂养环境和条件，没有什么坏处。

辅食添加与喂养习惯培养

辅食添加原则的落实

一、从一种到多种

每添加一种辅食，要适应 2 ～ 3 天，观察宝宝是否出现呕吐、腹泻、皮疹等不良反应。如果宝宝没有出现任何异常情况，也没有厌食，适应一种食物后就可以继续添加另一种新食物。

二、从稀到稠、从细到粗、从少到多，循序渐进

从泥糊状慢慢过渡到颗粒状，然后再发展成固体状，循序渐进，不要着急。值得一提的是，孩子越来越大就不要强调用破壁机来破碎食物。

三、一定要进行顺应性喂养

千万不要强迫孩子吃辅食，一旦强迫宝宝吃，宝宝就留下了不愉快的进食经历，而不愉快的进食经历可能成为宝宝厌食、挑食的独立危险因素。

四、注意饮食卫生安全

给宝宝添加辅食的时候，一定要注意食品的安全性。同时，给宝宝做辅食的时候一定要注意饮食卫生，注意进食安全也非常重要。

五、监测宝宝生长发育情况

添加辅食的时候，一定要监测宝宝的生长发育情况，可以根据WHO发布的儿童生长标准曲线图来判断宝宝营养和生长发育状况，并以此来判断宝宝辅食添加得是否合理。

六、添加辅食前不需要测过敏原

满6个月的孩子添加辅食是正常的喂养过程，不需要先测过敏原，正常喂养就好。孩子出现大便不好或者有皮疹，不一定是食物过敏。如果孩子吃某种食物出现腹泻、皮疹等症状，应及时停止喂养，待症状消失后再从少量尝试，如仍然出现同样的不良反应，应及时咨询医生，确认是否食物过敏。

宝宝1岁以内能不能吃盐和糖？

盐和糖对孩子来说不是不能吃，而是不该在婴儿期吃。孩子满4个月味蕾才发育完善，才可以真正地尝到各种味道。如果1岁以内经常吃糖，除了增加能量摄入，以及提高患龋齿的风险，孩子还容易对糖产生依赖，养成爱吃糖的习惯，增加成人期患糖尿病的风险。如果1岁以内给孩子吃盐，首先，孩子的肾脏、肝脏等器官尚未发育成熟，过量摄入会增加肾脏负担。其次，过早吃盐会使孩子的口味变重，有可能养成成人期口味重的饮食习惯，增加成人期患高血压病、心血管疾病的风险。

喂养习惯的培养

一、合理添加辅食

满6个月添加辅食，满9个月可以吃粥，这时可以在粥中添加菜或肉，做成带小颗粒的菜粥、肉粥、蛋粥、肝粥等。也可以做成烂面条。

二、逐步培养一日三餐的规律

要按时间规律吃好三餐，儿童青少年（除肥胖儿）不建议早餐只吃 1 个鸡蛋和喝 1 杯牛奶，早餐要吃主食，也不建议早上太晚（10 点钟以后）才吃早餐。

三、注意食物结构

现在经济条件好了，很多家长总希望孩子多吃肉，没有考虑营养均衡，也没有考虑保证孩子每日摄入足够的膳食纤维。不吃蔬菜、水果、薯类，容易造成纤维素摄入过少，大便过黏或便秘。因此，建议添加辅食后要逐步添加不同种类的蔬菜、水果及薯类。

四、提倡食物多样化，要顺应喂养

每一种食物有着不同的营养成分，因此不提倡家长只挑选孩子爱吃的东西给孩子吃。如果总是只给孩子爱吃的食物，孩子容易吃撑，还会对其他食物产生排斥心理，养成挑食、偏食的习惯。我们提倡在顺应喂养的基础上，允许婴幼儿在准备好的多样化食物中挑选自己喜爱的食物，对于孩子不喜欢的食物家长应反复提供并鼓励其尝试。

五、孩子肥胖的预防和处理

如果孩子没有内分泌方面的疾病，体重超标出现肥胖，可能是过度喂养所致，通常是由于摄入过多能量或者活动量太少造成能量堆积。

1. 母乳喂养期的肥胖

纯母乳喂养期的婴儿营养来源于妈妈，所以，当孩子超重时，妈妈应该调整饮食结构，减少主食和脂肪的摄入量，多吃蔬菜和水果，并通过适当运动消耗能量。

2. 儿童青少年期肥胖

应该是长期食欲旺盛，能量摄入过剩所致。所以，这类孩子要求每餐主食稍减，少吃或不吃甜食，少吃肥肉和油炸食品，不喝饮料，多吃蔬菜、水果。每天要有1小时出汗的运动，运动后要及时补水。能量消耗后，孩子血糖就会降低，身体会分解体内脂肪来补充能量，多余的脂肪慢慢分解就能有效控制体重。运动40分钟以后再进食，这时孩子的饥饿感较刚运动完时弱，进食量也会有所减少。坚持运动一段时间就能达到控制体重的目的。家长不要担心孩子肚子饿而放弃运动，应多支持和鼓励孩子坚持运动。

六、孩子偏瘦如何应对

家长首先要分辨孩子是偏瘦还是营养不良，如果是偏瘦，要看身体发育情况，比如身高正常，但体重偏瘦，适当加强营养摄入就行。有部分偏瘦的孩子可能是家族遗传因素所致，不用特别处理。如果体重相差很大，要查清原因，可能是能量摄入不足或者疾病引起，应针对具体原因进行干预。

需要纠正的喂养误区

食物越细越有利于孩子吸收

孩子满6个月要添加辅食，食物要做到从细到粗逐步过渡，但有的家长担心孩子吃稍粗一点的东西不利于消化，孩子到了8个月，甚至1岁了还用破壁机把食物打碎后喂食，甚至连煮好的粥也要用破壁机打碎后才喂。家长这样做不利于孩子乳牙的萌出。建议孩子满8个月后，就可以直接喂厚粥、烂面条等，还可以加点青菜碎、肉末等。

食物从细到粗过渡太快

有的家长为了使孩子吃得饱，7个月起就喂干饭，没有真正从米糊到粥，从粥到软饭，再到干饭的过渡。由于孩子的胃肠道正在发育阶段，对食物要有一个逐步适应的过程，过早吃干饭不利于孩子消化吸收，所以，一般孩子 1 岁半左右才吃干饭为好。

幼儿期过度强调奶量

一两岁的孩子已逐步适应食物的添加，可以很好地吃一日三餐了。但个别家长由于没有按照顺序给孩子添加辅食，孩子仍以奶为主食，导致有的孩子对辅食很抗拒，只想喝奶。由于孩子营养摄入不足，体重往往不达标。所以，孩子满 6 个月要及时添加辅食，在保证每日奶量摄入达标的基础上，让他适应新的食物并逐步增加进食量，循序渐进，帮助他达到与家人一致的规律进餐模式。

孩子牙齿长齐后再喂青菜

孩子一般 6 个月左右乳牙开始萌出，2 岁左右 20 颗乳牙全部长齐。建议孩子在7个月左右尝试添加菜泥，10个月左右开始尝试添加碎菜，1岁左右开始尝试大块蔬菜。随着月龄的增加，孩子会适应喂养。有研究表明，婴儿10个月前未尝试过块状食物，喂养困难的风险会增加。因此，如果2岁以后才给孩子青菜吃，孩子可能会抗拒，甚至吞青菜会呕吐，没办法吞下青菜，造成喂养困难。如果宝宝从小就不爱吃青菜，家长可以通过包饺子或包子等方法让宝宝吃青菜。另外，如果看见宝宝大便中有不消化的青菜就不给宝宝吃青菜的做法也是不对的。

孩子吃猪肉和动物肝脏不健康

现在很多成人都提倡低脂饮食，减少肉类和动物内脏的摄入。这种情况是针对中老年人而言的，不建议孩子低脂饮食。猪肉在畜肉中脂肪含量最高，但由于孩子处于生长发育阶段，特别是大脑发育需要大量的脂肪和类脂（如磷脂、胆固醇、脂蛋白等），脂肪不仅为孩子提供能量，还可促进脂溶性维生素（如维生素 A、维生素 D）的吸收。动物肝脏（如猪肝）不仅含铁量高，而且吸收率可达 20% 以上，孩子适当摄入动物肝脏可有效预防缺铁性贫血的发生。所以，孩子应适当吃猪肉和动物肝脏。

孩子多吃粗杂粮更健康

这是错误的观念。

宝宝刚添加辅食时肠胃不能适应含有高纤维的粗杂粮，可在添加细粮后适当搭配粗杂粮。1 ～ 3 岁的幼儿可根据每日膳食种类，按照 1/5 ～ 1/3 的比例适量摄入粗杂粮。

孩子上火了，要忌口

很多家长看见孩子出现眼睛红、流泪、口腔溃疡或大便干燥就认为是上火了，需要忌口。这是不科学的。所谓上火是民间的通俗说法，没有特别的含义，也没有确切的标准。孩子出现问题要认真查找原因，针对原因进行干预，过度忌口会让孩子摄入营养不均衡，影响其生长发育。建议食物多样化。

第三章

婴幼儿大脑发育与早期开发

影响孩子生长发育的因素主要有遗传和环境（营养、养育环境、减少疾病影响、养育人适度关爱）两个因素。到目前为止，我们无法控制遗传，但我们可以营造良好的养育环境，让孩子茁壮成长。3 岁以内是孩子大脑发育最快的阶段，也是大脑结构优化的最佳年龄。而孩子大脑的发育需要信息的刺激，需要不断开发。孩子出生后，其大脑就像一张白纸，如何描绘出最新、最美的图画考验着孩子的父母及其他照护者，也就是说，营造有利于孩子生长发育的家庭环境尤为重要。孩子的人生起跑线在家庭，家庭是孩子的第一所学校，父母是孩子的第一任老师。

孩子早期脑发育规律

3 岁以内是大脑快速发育和优化的关键期

孩子刚出生时，大脑重量为 350 ～ 400 克，约占体重的 8%，约为成人脑重量的 25%；2 岁时孩子脑重量已经达到 900 ～ 950 克，约为成人脑重量的 60%；3 岁时孩子脑重量达到 1000 ～ 1150 克，约为成人脑重量的 75%。所以俗语有“三岁看大”的说法。

大脑的结构优化越好，其功能越强

大脑的发育体现在神经细胞的发育与连接。表现为神经突触（脑细胞连接的关节点）的快速发育、神经纤维发育、神经纤维的髓鞘化，这些都决定着神经细胞之间的连接结构。神经突触是脑细胞连接的节点，突触在 2 岁内发育最快，2 岁以后会根据信息通过情况关闭部分突触。所以，要求家长在孩子 2 岁前给予足够的信息（语言、认知、动手、朗读）刺激，使突触形成得更多，2 岁以后给予孩子更多的信息刺激，以保留更多的突触，让孩子的脑结构得到更加充分的发育。因此，3 岁以内加强婴幼儿的脑开发是有科学依据的。

孩子早期脑开发的具体做法

强化早期的语言开发

所谓语言，包含口语、手语、文字，加上特殊情况下的旗语、眼神等，这里重点论述口语发育。孩子的语言开发要抓好语言敏感期。孩子的语言发育关键期为3岁以内，最佳敏感期是1岁以内，早期语言发育对孩子的智力发展有着极其重要的影响，对预防语言发育迟缓和发现孤独症起到积极的作用。早期语言启蒙敏感期在1岁以内，具体做法有以下几点。

一、4个月以内婴儿的语言开发

白天在孩子清醒时，与孩子面对面，用成人的语气、语调与孩子轻声交流。比如，可以问宝宝“吃饱了没有呀”“在想什么呀”“能跟妈妈说说吗”“想不想学习呀”等。这个阶段通过语言交流还可以测试孩子的听力和视力。

二、听力测试（寻声源实验）

将一个小塑料瓶洗干净，晾干，放入几颗黄豆，在孩子清醒时，在其左、右、后侧摇动，摇哪侧孩子转向哪侧表明孩子听力正常。但是，如果长时间摇动瓶子，孩子可能只转一次头，这也是正常的。如果孩子对声音没有反应，需找医生进一步检查处理，可能存在先天性耳聋或者脑发育异常等问题。

三、视力测试（追视实验）

孩子清醒时，用红色物品在距离孩子眼睛 20 厘米以内慢慢左右移动，看孩子眼球是否跟着物品移动。如果孩子眼球跟物品移动，这是正常的，否则要找医生诊断，可能是视觉问题或者脑发育问题。

四、4个月至1岁孩子的语言开发

通过4个月的声音刺激，为孩子大脑的发育奠定了很好的基础。孩子开始注意大人的声音和嘴型，不断发出咿呀的声音，说明孩子有发声的欲望，这时要强化孩子的语言智力启蒙。

1. 持续面对面沟通

经过4个月的沟通，孩子对声音刺激更为敏感，声音沟通欲望更强，沟通的语言需求更加复杂。家长可以给孩子讲简单的故事，虽然孩子听不懂，但通过这种方式可以让孩子接受更丰富的语言刺激。外出时还可以给孩子介绍人物，如爷爷、奶奶、叔叔、阿姨等，也可以介绍植物、动物等。

2. 卡片认知

可以从卡片中认识动物、植物及其他物品。随着月龄的增大，孩子到10个月可以摆出多种动物卡片，用手指动物、找动物。同样的方法也可用于认识植物和物品。

3. 朗读是语言开发的重要手段

在前4个月的语言沟通中，孩子对大人的口语有特别的兴趣，此时，每天对着孩子轻声朗读儿歌、诗歌孩子会很兴奋，偶尔会跟着发声，这是在为孩子说话打基础。

五、1～2岁幼儿的语言开发

一般情况下，孩子在9～10个月可以发出单音，如“ma”“ba”等。1岁以后孩子逐步学会独立行走，会使用手的动作来表达需求——这叫手语。孩子每次要做什么、想要什么东西都会配合手的动作去表达，这说明孩子首先运用的是手语不是口语。这时候，家长要敏感地意识到，要把孩子的手语表达引导到口语表达。具体办法如下。

1. 继续做好一天口语的沟通

除正常语言对话外，可以适当增加一些问句，例如，可以这样跟孩子沟通：“宝宝，你的肚子饿了吗？”“你想吃水果啊？”“知道这是什么吗？”“宝宝，你是不是想让妈妈给你读诗歌呢？”可以让孩子通过回答问句的方式学习语言。

2. 玩卡片游戏

大人把若干张卡片放在手中，取出一张展示给孩子，让孩子说出卡片上物品的名称，反复训练，可以促进孩子的认知和口语表达能力。

3. 继续进行朗读训练

注意语速仍要慢，节奏要适当，尽量要选择可引起孩子兴趣的内容进行朗读。

4. 注意孩子手语的诉求，强化手语向口语转化的引导

这个阶段是口语发育的关键期，孩子在这个阶段往往会用手的动作来表达需求，但大人不能以满足孩子的要求为目的，而应引导孩子尽量用口语表达自己的需求。在孩子用手语表达需求时，大人可以用 3 ～ 5 句话跟孩子沟通，比如，当孩子用手指着包子，家长可以问孩子：“宝宝，你是肚子饿了想吃包子吗？你准备吃几个呀？你洗手了没有呀？我们洗手了再拿好吗？”孩子用手指着门想出去玩，可以问：“宝宝，你想去哪里？我们需要带什么东西吗？”孩子会用点头或者摇头回答，并逐步知道要用口语回答，坚持一段时间，口语表达能力会有很大提升。如果孩子通过手语提要求，大人不和孩子交流，只是一味地满足孩子的要求，就会出现

孩子动作越准确，越不愿意用口语沟通，这也是造成目前有些孩子年龄越大越不讲话的原因之一。

5. 营造良好的家庭语言环境

家庭成员之间不管使用哪种语言，哪怕是不同的方言，都可以跟孩子沟通。我们希望孩子“先开口说话，后规范”，先会讲话再规范标准普通话。所有家庭成员每天都有责任跟孩子进行口语沟通。孩子口语成熟后可下载中央广播电视台标准的朗读视频给孩子模仿，提高孩子普通话的准确性。

抓好早期智力开发

一、数字早期开发

在孩子 1 岁以内就可以开始学习数字，可以从数手指，到数球（海洋球中不同颜色的球）。6 个月能独坐后就可以买水果玩具来教宝宝学习数字，比如收果果、分果果游戏。训练孩子数字的合并和分解，为长大后学数学奠定基础。

二、语文启蒙训练

语言启蒙是孩子将来学习语文的基础，除口语沟通、卡片认知、朗读外，还要进行认图训练。家长要给孩子讲解不同图片中各种元素、结构所要表达的意思，随年龄的增长，孩子会讲话后可训练其看图说话。从幼儿期开始对孩子进行讲故事训练，通过讲故事的方式增加对文字的理解，可鼓励孩子带着问题讲故事，例如，小松鼠的手抓到了什么？抓到了松果。小松鼠为什么想要松果？它要吃松果里的松子。这对孩子理解事物有着积极的作用。

三、音乐的刺激对孩子的脑部发育有利

孩子 6 个月后，家长与孩子一起听音乐对孩子智

力的发展有着积极的促进作用。家长要和孩子一起听音乐。孩子听音乐时会很兴奋，这对口语的发展也有好处。

四、逻辑思维的培养

用对比法来培养孩子的逻辑思维能力。在利用卡片认知动物时，要说明动物的外形特征和功能，比如，讲讲马与牛的区别，从外形特征看马头上不长角，牛头上长角，从功能上看马跑得快，所以古代会用马来送信。这样的引导可以持续到学龄期。在用卡片认知各种水果时也要注重特征的介绍，可以利用对比法来寻找两张图的相同点和不同点，还可利用对比法来识别不同形状的积木。

五、利用孩子对事物的兴趣，引导孩子学习

用有限的知识回答孩子无限的为什么。如果 1 岁以

内的孩子语言启蒙好，1 岁半左右就能够与大人对话。孩子对这个世界充满了好奇，对什么事物都感兴趣，喜欢开口就问为什么，大人要鼓励和支持孩子问为什么，这是培养孩子爱思考的好契机，也可以借此慢慢引导孩子养成爱看书的好习惯。具体做法如下。

1. 积极回答孩子所问的问题，不要随意编造答案。

2. 不懂的问题要告诉孩子，爸爸妈妈不懂，看书后再回答他。

3. 看书后一定要回答孩子提出的问题，不要敷衍了事。

4. 等到孩子具备阅读能力后，可以买一些适合孩子年龄的读物，并找一些书中相关的内容问孩子。孩子回答不上来时，告诉他哪本书上有，教孩子去查阅。

5. 孩子查阅完后要叫他按书本中的内容解释为什

么，并对孩子进行表扬，肯定孩子回答得很好。

6. 孩子上中学后如果问到一些难度较大的问题，家长可以买一个笔记本，让孩子把问题记在笔记本上，鼓励孩子长大一点后再回头看看自己的提问，也许就知道答案了。边成长边解答这些问题也许是孩子这辈子成功的起点。

7. 在生活体验中让孩子学会做事。2 ~ 4 岁的孩子看见大人做什么都想参与，这时候是培养孩子体验生活的最佳年龄，家长不要认为孩子在捣乱，要创造条件让孩子参与家务劳动，培养孩子参与家务活动的习惯，要引导孩子建立“做事不怕错、多做不会错、错了更得做、只要用心做哪里还会错”的做事原则。鼓励孩子多做事情，培养孩子动手的能力。

婴幼儿早期脑开发的误区

忽视早期开发的重要性

一、大人对孩子的主观忽视

1 岁以内是孩子语言发育敏感期，但很多家长认为孩子年纪太小，对他说什么他都不懂，所以忽视了这一阶段的语言智力启蒙。

二、大人对孩子的客观忽视

孩子 1 岁以内，有些家长认为孩子年龄小，只要吃饱、睡好、不哭不闹就好，还有些家长因为沉迷手机，以及其他种种原因减少了与孩子进行语言沟通的时间，让孩子失去了早期语言启蒙的宝贵时机。

三、旧观念误导

有部分家长认为孩子长大自然什么都懂了，另外，大一点上幼儿园后老师会教，还要读小学、中学、大学，到那时候才是学习时间，因此3岁以内不用家长教任何东西。这种想法是错误的。语言发育关键期是3岁以内，语言发育敏感期是1岁以内，如果1岁内语言刺激少，就失去了大脑发育关键期的促进作用，没有得到足够的信息刺激，大脑的神经纤维发育、神经纤维髓鞘化、突触发育将受到阻碍，极大地影响大脑优化，而过了这个年龄，就再也找不回敏感期。

缺乏早期大脑开发的家庭环境

首先，有的父母担心家庭成员中方言太多，会影响孩子的语言发育，不敢主动教。孩子语言启蒙是以声音刺激为主，孩子听声以后会判断和模仿音节而发音，不管哪种方言，都对语言中枢有良好的刺激，对语言中枢发育都有好处，只要孩子能发音，口语沟通建立以后，再用标准普通话让孩子模仿就可以逐步实现语言标准化。只要孩子早期语言发育好，模仿语言能力就很强，而语言发育好就会促进智力发育。语言开发的原则是：先让孩子开口说话，再用标准的普通话来规范孩子的语言。

其次，认为电子媒介（电视、电脑、手机）的应用会帮助孩子更好地学习。这种理解是片面的。电子媒介的普及对孩子的大脑刺激有一定的作用，对早期脑开发有一定好处，如果利用得好，对孩子的脑发育可以起到一定的促进作用。但在孩子早期口语尚未发育完善的情况下，让孩子自己看电子设备，没有大人在旁边讲解，孩子只是对画面感兴趣，没有交流，将会影响口语的发育。如果大人跟孩子一起看，一是可以给孩子讲解画面的内容；二是可以引导孩子思考；三是通过口语刺激，可以促进孩子口语发育；四是可以培养孩子养成沟通的好习惯；五是大人的参与，可以对孩子玩电子设备的时间有把控。

最后，认为孩子讲话迟是贵人语迟。这是没有科学依据的旧观念。语言是孩子智力发育的基础，口语是语言的根本，语言要优先发育才能使孩子有沟通能力和社交能力。孩子的大脑对声音感知最敏感的时间为 1 岁以内，只有在早期有声音和信息刺激，孩子的语言发育才会正常。正常情况下，孩子 1 岁半左右就可以用口语对话，2 岁就能流利地用口语沟通。如果孩子 2 岁仍不能进行口语对话或者 1 岁以内智力评估不达标，就应该及时去医院诊断，尽早干预。

第四章

婴幼儿运动发育规律与早期促进

运动发育规律

宝宝的运动发育与脑发育密切相关，此外，还与脊髓和肌肉功能相关。宝宝的运动发育规律为：先头后尾、由近到远、从泛化到集中、正面动作先于反面动作。

一、大动作具体发育顺序——二抬、三翻、六坐、七滚、八爬

抬头：2个月俯卧可以抬头3～5秒，3个月仰卧位拉起双手头仍稍后仰，4个月时抬头很稳，能自由转动。

翻身：3个月能翻身，有时需要大人帮助，5个月可以从仰卧翻到俯卧位，6个月可以从俯卧翻到仰卧位。

独坐：5个月靠着坐时腰能伸直，6个月两手向前撑能独坐，7个月可坐稳。

爬行：7 个月可以用手支撑胸腹，使身体离开床面或地面，可原地转动，8 个月能用上肢向前爬。

站立与行走：10 个月以后可以扶手站立片刻，15 个月独立行走很稳，18 个月能跑步及倒退走，2 岁能跑、跳、单足独立。

二　精细动作——手的动作发育

一般情况下孩子会先手握、指握；先抓住不放到能抓能松，主动抓、主动松。4 个月可以抓玩具，5 ~ 7 个月可以独自抓玩具玩，甚至可以倒手；8 ~ 10 个月可以用手指比较准确地抓物体；11 ~ 15 个月可以翻书和撕纸；18 个月可以搭积木；2 岁可以灵活应用手的功能。

早期运动促进

婴儿抚触（适合3个月以内）

抚触是通过对婴儿皮肤进行有序的、有手法技巧的抚摸，让大量温和良好的刺激通过皮肤感受器传到中枢神经系统，产生生理效应的操作方法，是一种对新生儿健康有益的、自然的运动促进。国内外多年研究证明，给婴儿进行系统的抚触，有利于婴儿的生长发育，增强免疫力，增进食物的消化和吸收，减少婴儿哭闹，增加睡眠。同时，妈妈在给宝宝进行抚触的过程中打节拍的声音刺激，可增进母婴情感交流，使孩子获得安全感。

一、抚触最佳时间

一般在正常新生儿脐带脱落以后（出生后两周）开

始，每次持续时间从5分钟开始，5天后延长至15～20分钟。每天安排在沐浴后、午休前、睡觉前，每天2～3次为宜。

二、抚触的环境营造

室温28℃～30℃为宜，冬天要有暖气源。抚触前要给宝宝垫上棉布或毛巾被，准备无刺激的润肤油，润肤油要倒在操作者手中，不要直接倒在婴儿身上。

三、妈妈的准备工作

取下戒指、手镯等饰物，剪短指甲，洗干净双手。

四、婴儿的准备

抚触要在孩子安静、清醒、不累不饿的状态下进行，抚触时间可选择喂奶前30分或喂奶后60分钟以上。

五、抚触体位、力度和安全

体位以仰卧为宜，不强迫固定姿势，以孩子高兴为准，允许孩子动动手、动动脚。手法力度把握为：做完后新生儿皮肤微微发红则力度适宜；皮肤不变颜色，则力度不够；只做两三下皮肤发红，说明力度过强。抚触时轻轻打拍子，跟孩子对话，孩子更有安全感。不用一定按照书本中的顺序做，只要做完即可，以孩子高兴为宜。

六、抚触禁忌

新生儿脐带未脱落暂不可抚触，不要按摩婴儿腹部；孩子哭闹明显时，要停止抚触。

婴儿被动操（适合 6 个月以内）

婴儿被动操可以增强宝宝的生理功能，提高宝宝对外界环境的适应能力；促进宝宝动作发展，使宝宝的动作变得更加灵敏，肌肉更发达的同时，还可促进孩子神经系统的发展。坚持做被动操可使宝宝由初步无意无序的动作，逐步发展为有目的的协调动作。

被动操的做法如下：两手胸前交叉、屈伸肘关节、肩关节运动、伸展上肢运动、屈伸踝关节、两腿轮流屈伸、下肢伸直上举、转体、翻身。

关于被动操的注意事项如下。

1. 给宝宝做操时动作幅度不要太大，要保持动作轻柔。

2. 做操之前，大人要洗干净双手，摘掉手上的饰品。

3. 控制好室内温度，以 24℃ ~ 26℃ 为宜，室内不能有对流风。气温较低的时候，可以开启空调或暖气来保证室内温度。

4. 做被动操时，会移动、翻转宝宝的身体，为了避免宝宝溢奶、呕吐，不能刚刚吃饱就给宝宝做操，最佳时间应选择喂奶前 1 小时左右进行。若做操期间宝宝哭闹，应立即停止操作。

5. 做操的过程中最好配有节奏舒缓的音乐，做操之前要和宝宝轻声说话，提前做好情感互动。

6. 每节操之前都要告诉宝宝下面要做什么动作，一边做动作一边轻声地喊口令：一二三四，二二三四，三二三四，四二三四。声音要轻柔，语调要有节奏，做操时要跟孩子保持语言互动，并保持微笑。

爬行运动训练（适合 7 个月以上）

爬行训练的具体方法如下。

1. 基本训练法

孩子 7 个月开始，家长用左手摇带有响声的玩具，右手稍微推孩子的脚板，使孩子向前行，训练几次后孩子就会知道用脚蹬地板前进。

2. 席子训练法

让孩子趴在卷好的席子上，妈妈推动席子，让宝宝随着席子的展开朝前爬。

3. 引导式训练法

家长用孩子喜欢的玩具逗引孩子向前爬，逐步按目标前行。

4. 阶梯训练法

孩子平地爬行动作熟练后，可买塑料梯子，训练孩子从一侧爬到另一侧，反复训练。

关于爬行运动训练的注意事项如下。

1. 孩子精神状态要好。

2. 饭后 1 小时内不要训练，避免呕吐。

3. 孩子哭闹不愿意时不要强行训练。

4. 家长要用柔和的声音引导孩子训练。

另外，家长还可以根据孩子不同的年龄阶段进行平衡训练。

1. 走：直线走、倒退走、平衡木走。

2. 身体平衡：吊床、秋千、旋转木马、平衡板、滑梯。

3. 其他：跳跃、滑轮。

运动潜能是无限的，家长可根据孩子的兴趣以及能力适应情况来开展平衡训练。

第五章

婴幼儿疾病防治新理念

一直以来，人们对待疾病的观念只有两个词：看病、吃药。孩子出现如发热、咳嗽、呕吐等症状时，很多家长不考虑明确原因的诊断，而要求给孩子用药，造成过度治疗，特别是造成滥用抗生素，对孩子影响很大。因此，家长需要了解孩子免疫系统正常反应的机理，规范做好疫苗预防接种，对孩子出现的问题要做好病因诊断，支持孩子自我调节免疫功能，尽量少用或者不用药，使用抗生素时必须有明确指征，防止滥用抗生素。

疫苗预防接种

接种疫苗是预防疾病的有效手段，这是大家都知道的事情，这里主要介绍自费疫苗与疫苗接种后出现反应的相关问题。

疫苗分类

国家规定的免疫程序疫苗是免费的，其中有少部分既可以用免费疫苗，也有自费疫苗，有条件的家庭建议打自费疫苗。另一种疫苗是二类疫苗，全部都是自费，建议只要符合接种年龄都接种。

疫苗接种后出现反应的处理

一、局部反应与处理

接种部位可能红肿浸润并伴有疼痛，多在接种后

12 ~ 24 小时发生，可冷敷。个别孩子会出现手臂接种部位红肿，硬结直径小于 3 厘米且周围伴有明显的皮疹或者瘙痒，这是疫苗接种之后的正常反应，不需特殊处理。保持疫苗接种部位处于干燥清洁的状态，通常红肿现象 3 ~ 5 天可以逐渐消退，最长不超过 1 周；手臂硬结直径若大于 3 厘米，可在疫苗接种 48 小时后用温热的毛巾热敷疫苗接种部位。如果硬结逐渐增大，皮肤温度明显增高，摸着有波动感或者疼痛逐渐加重，要注意局部是否出现继发感染，需要及时就诊，并在医生的指导下予以处理。

二、全身反应与处理

少数孩子在接种疫苗后可能出现以发热为主的全身反应，多在接种后 1 ~ 2 天出现，持续 1 ~ 2 天可自行消退，发热一般不超过 38.5℃ ，此类情况一般不用处理，可以多喝水。极少数儿童接种疫苗后会出现严重过敏性皮疹，需要及时到医院就诊处理。

三、几种疫苗的接种问题

第一，卡介苗。卡介苗是预防结核病的疫苗，一般在出生后第一天接种，如果不能在出生后24小时内接种，要在1岁内接种。卡介苗接种后2～3天内，接种部位的皮肤略有红肿，为非特异性反应，很快就会消失。3周左右，接种部位会出现红肿，中间逐渐软化，形成白色小脓包，脓包破溃后，脓汁排出，不必擦药或包扎，但局部要保持清洁，衣服不要穿得太紧，如有脓液流出，可用无菌纱布或棉花轻轻拭净，不要挤压，经过1～2周开始结痂，平均2～3个月会自然愈合结痂，痂皮要等待自然脱落，不可抠掉。愈合后可留有圆形瘢痕。上述过程一般要持续2个月左右。接种卡介苗后还常可引起接种部位附近的淋巴结（多为腋下淋巴结）肿大，这是正常反应，随着接种部位的愈合，肿大的淋巴结也会自行消退。可以用热敷的方法促其消退，如果有脓疡形成，可以请医生用注射器将脓液抽出，促进愈合，一般不会影响孩子的健康。

第二，乙肝疫苗。接种乙肝疫苗是预防乙型肝炎最有效的方法。自 1992 年乙肝疫苗纳入国家儿童免疫程序以来，预防效果很好。2021 年乙肝两对半定量检验数据显示：①乙肝表面抗原情况：29 ~ 49 岁组共化验 12859 例，阳性 1334 例，阳性率为 10.37%；18 ~ 28 岁组（1992 年以后出生，要求接种乙肝疫苗）共化验 4781 例，阳性 300 例，阳性率为 6.27%；18 岁以下少年儿童共化验 7954 例，阳性 9 例，阳性率为 0.11%，其中新生儿化验 1219 例，阳性 4 例，阳性率为 0.33%，1 个月至 17 岁共化验 6735 例，阳性 5 例，阳性率为 0.07%，3 岁以下共化验 2862 例，无一例阳性。以上数据说明两点，一是育龄妇女乙肝表面抗原阳性率在 6% 以上，乙肝母婴阻断工作压力仍很大；二是3岁以上孩子个别仍有乙肝感染（3岁和5岁各2人，16岁1人）。②乙肝表面抗体滴度：少年儿童接种乙肝疫苗后，乙肝表面抗体滴度在1岁达到最高，以后随年龄增长抗体逐步减少，因此，3岁、5岁、16岁感染的病例可能是接种后没有产生抗体或者抗体滴度下降而感染。

关于乙肝疫苗接种需要注意几点：一是若母亲乙肝表面抗原阳性（大三阳、小三阳），孕期要到有条件检测乙肝两对半滴度的医院做产前检查，分娩时到有条件进行乙肝母婴阻断的医院分娩，规范做好乙肝母婴阻断，防止新生儿感染乙肝；二是孩子应该在1岁时检测乙肝两对半滴度（不建议查阳性、阴性），如果表面抗原阴性，表面抗体低于100mIU/mL就要打乙肝疫苗加强针，低于10mIU/mL要重新按程序打三针；三是建议每2～3年检测一次乙肝两对半滴度，不建议做乙肝两对半定性检测；四是要按国家免疫程序要求，7 岁打乙肝疫苗加强针。父母有乙肝表面抗原阳性（大三阳、小三阳家庭）更要监测孩子的乙肝表面抗体浓度。

第三，流感疫苗。流感疫苗是为了预防流感，对孩子起到机体保护作用。流感疫苗接种一般分 3 岁以下、3 岁以上两组。疫苗有三价、四价两种，一般四价效果较好，但也要根据年龄不同，按照医生的建议选择适合的疫苗。如果孩子平时感冒发热容易反复发作，鼻炎、鼻窦炎、中耳炎容易反复发作，患有线粒体肥大引起的慢性咽炎、慢性扁桃体炎以及腺样体肥大引起的慢性咽炎、慢性哮喘，存在易反复发作的慢性支气管炎，等等，建议每年都要给孩子接种流感疫苗，连续接种 3 ~ 5 年。减少流感的发生是治好原发病的有效途径。

小儿发热

孩子发热是身体免疫系统的正常反应，也是人类进化过程中自我保护的本能反应，其目的是消灭深入身体的病原微生物。当然，特殊的过敏、疫苗预防接种、部分癌症病人也可能出现发热症状。发热根据程度不同，主要分为：低热，37.5℃～38℃；中度发热，38.1℃～39℃；高热，39.1℃～41℃；超高热，41℃以上。

一、孩子发热的利与弊

孩子发热有利的方面：发热是人类进化后产生的抵抗疾病的自我保护功能；发热能刺激和促进免疫系统的防御反应；发热能控制病原菌在体内的繁殖，使病情好转；发热能灭活病原菌的毒素，有利于康复。另外，当孩子出现发热症状时容易引起大人的关注，从重视程度来看，更有利于孩子的康复。

孩子发热的不利方面：发热会消耗能量，损失水分；孩子的呼吸、心跳会加快；个别孩子会出现惊厥或抽筋。但发热抽筋只是极个别现象。来自 2022 年两家医院的发热和抽筋孩子就诊人次可以证实——一家医院就诊的发热孩子为 101648 人次，其中有抽筋症状的共 333 人次，占 0.33%；另一家医院就诊的发热孩子为 116805 人次，其中抽筋 282 人次，占 0.24%。说明超过 99% 的孩子发热时没有抽筋。而一般发热时出现抽筋的孩子有两种可能：一是孩子缺钙严重，平时睡觉时大汗淋漓，睡眠不好，有惊跳现象；另一种是有遗传代谢性疾病。所以，发热抽筋的孩子应做进一步检查，查明抽筋原因，并针对原因进行原发病的治疗。

二、孩子发热的处理

首先，要明白发热不是一种病，它是以感染为主要原因的一个症状，是标不是本，所以要先查明发热的原因，并针对原因进行处理。

其次，不支持强制退热。退热的方法有物理降温和药物降温，不支持用酒精进行物理降温，可用温水擦拭或洗温水澡。一般建议体温超过 38.5℃应口服退热药，但和前一次口服退热药的时间间隔应大于 4 小时，且 24 小时之内每种退热药口服的次数不能超过 4 次。需要注意的是，孩子发热会损失大量水分，所以要及时给孩子补水。

再次，发热时应注意观察孩子的精神状态和微循环情况。若孩子精神状态好，说明无大碍。孩子口唇皮肤红润说明孩子没有缺氧。观察孩子微循环的方法是：用手按住孩子左手无名指指甲，松开后指甲从白变红是正常的，如果指甲从白变紫说明微循环不好，不管体温多少摄氏度，要立即送到有抢救条件的医院就诊，防止出现休克。

最后，不建议用药物包围疗法来处理发热。所谓药物包围疗法，是指退热药、抗病毒药、抗生素、止咳药同时应用。有些家长认为这样能退热、抗病毒、抗细菌、止咳，实际上这种做法是不可取的。应查明原因方可有针对性地治疗，没有细菌感染征象就不能使用抗生素，过早使用止咳药不利于孩子排痰。

三、孩子发热处理的误区

误区一：强调立即退热。由于很多家长把发热当作重病来看待，所以第一反应就是立马退热，首选口服药物退热，而且是反复多次使用退热药，结果往往是用药退热后几小时孩子再次发热，甚至比原来的度数还高。这是因为药物是通过调节体温而达到退热的目的，但大脑认为这样的发热还不能消灭病原菌，所以再度启动发热机制，家长为了让孩子再次降温，只能一天内多次使用退热药。

退热药作用时间只有4小时，药效过后就会再度发热，反复退热再发热会损耗孩子身体的能量，对孩子不利。另外，部分年幼的婴儿反复退热容易造成体温不升，对孩子的身体影响更大。3个月以内的婴儿不能口服退热药，可以用温水擦拭或洗温水澡，但不建议用酒精擦拭。

误区二：不查发热原因，只强调退热，容易造成疾病的误诊。认为发热只要退热就行，所以用大量的药物来解决问题，结果造成细菌感染引发的疾病没有及时使用抗生素，影响了孩子的康复。

误区三：认为发热会烧坏孩子的脑子。这是没有根据的。过去口耳相传的烧坏脑子是脑炎、脑膜炎所致。因为这两种疾病都是以发热起病，然后才出现脑部症状，最后出现后遗症，这是病变部位在脑部所致，不是发热所致。目前，由于疫苗接种已经很规范，脑炎、脑膜炎发病率已经很低了。

误区四：认为静脉输液才是退热的最佳方法。所谓吊针，就是静脉输液，20 世纪 80 年代经常用这种方法来使用皮质激素，很容易退热，大家误认为输液才有效，后来发现激素应用会抑制孩子的免疫功能，加上激素抑制钙的吸收、增加钙的排泄，使孩子容易缺钙，造成孩子病后多汗，睡眠不好，身体软弱无力，对孩子病后恢复不利。为了控制静脉滥用激素和抗生素，国家相关部门专门下达文件明确静脉输液适应证，明确哪个级别可以在门诊静脉输液，才在很大程度上控制了静脉输液泛滥的局面。

四、孩子发热期间的照护要点

发热期间，要观察孩子的精神状态，加强护理，良好的照护会提高孩子的抗病能力。

1. 饮食照护

发热会使消化酶功能下降，孩子可能食欲差，建议清淡饮食，可给流质食物，保证基本的能量补充。

2. 睡眠照护

部分孩子会出现嗜睡，要注意观察口唇是否红润，清醒期间是否能吃东西，是否可与大人保持沟通。部分孩子会情绪烦躁，可以适当抱着孩子睡，保证良好的睡眠。

3. 其他照护

要让孩子多喝水，如果孩子伴有腹泻、呕吐症状，要注意适当补充生理盐水防止脱水。补水让孩子保持足够的尿量，有利于身体恢复。

小儿咳嗽

咳嗽的机理

咳嗽是呼吸道疾病中最常见的表现，它是人体的一种保护性功能，用于排出自外界侵入呼吸道的异物和呼吸道中的分泌物（痰），在排出呼吸道异物和防御呼吸道感染方面具有重要意义。

引起咳嗽的原因

第一，感染因素。常见因素有病毒、细菌、肺炎支原体、肺结核病、鼻咽部疾病（鼻炎、鼻窦炎、咽炎）等。

第二，过敏因素。哮喘、霉变物、某些动物气味等。

第三，理化因素。感冒后冷空气刺激、慢性阻塞性肺疾病、呼吸道异物、化学物质产生的气体刺激等。

第四，其他因素。肺肿瘤、纵隔肿瘤、心脏疾病造成的心功能不全等。

咳嗽的处理

要针对病因治疗，根据不同的感染性疾病进行治疗。

只有明确细菌感染、肺炎支原体感染才能使用抗生素，禁止滥用抗生素。

孩子如果患有过敏性咳嗽，应尽量找到过敏原并进行处理。哮喘引起的咳嗽要长期补充维生素 AD 和钙，每年按时接种流感疫苗方有可能治愈。

如果是鼻咽部疾病引起的咳嗽，在治疗原发病的同时，也要长期补充维生素 AD 和补钙，每年按时接种流感疫苗，方可去除原发病，达到治疗咳嗽的目的。

止咳药的应用

原则上咳嗽不能以止咳为目的，尽量少用或者不用止咳药。普通的轻咳不用处理，咳嗽影响生活时需要使用止咳药，如果痰多，以祛痰止咳为主，便于痰能够咳出。婴儿还不能吐痰，咳嗽时可能伴有呕吐，这是排痰的反应，不代表病情加重。

小儿肺炎、支气管炎

小儿肺炎、支气管炎的概述

小儿肺炎是小儿最常见的一种呼吸道疾病，四季均可发生，婴幼儿在冬春季节患肺炎较多。肺炎的表现为发热、咳嗽、气促、呼吸困难和肺部细湿啰音等。

支气管炎是小儿常见的急性上呼吸道感染。该病发病可急可缓，大多先有发热、上呼吸道感染症状，并伴有咳嗽。

肺炎、支气管炎一直是婴幼儿常见感染性疾病，是儿童保健的疾病管理范畴，经过肺炎疫苗的接种，肺炎目前发病率明显减少。

小儿肺炎、支气管炎的处理

一、肺炎疫苗预防接种是预防肺炎、支气管炎的最好措施。

二、典型的肺炎、支气管炎要常规进行治疗。

三、不典型（假性）的肺炎、支气管炎不建议过度治疗。普通感冒的孩子往往在发热第三天开始咳嗽，第四天咳嗽加重，拍X光片时报告肺炎、支气管炎，但血常规加五分类检验见中性粒细胞不高或者有淋巴细胞高，这种情况可以不用按肺炎处理，往往第五六天就好了。如果中性粒细胞增高就要予以抗生素治疗3～5天，最好用药后再复查血常规加五分类看看是否已经正常。不建议以放射科报告为依据大量使用抗生素。

孩子患感冒很多都会有咳嗽症状，有时咳嗽的时间还持续得比较长，但有部分孩子咳嗽是由过敏引起，还有个别孩子的咳嗽是感染所致。另外，感冒后合并细菌感染有可能出现肺炎，有的家长错误地认为是咳嗽咳成了肺炎，正确的说法是咳嗽是肺炎典型的症状，不是咳嗽咳出肺炎。

维生素 D 和钙缺乏性佝偻病

佝偻病的概述

维生素 D 的生理功能是调整身体的钙、磷代谢，孩子维生素 D 不足或缺乏时，可造成钙的代谢异常，出现各种以钙低为表现的症状，如多汗、睡眠不好、枕秃（2～4个月)、额骨上凸（3～8个月)、肋缘外翻（4～8个月)、“O”形或“X”形腿（1～2岁)，少年往往有下肢疼痛、多梦、好动等，影响了孩子的正常生长发育。

佝偻病的治疗：补足维生素 D 和钙

第一，长期补充维生素 D，从出生后几天一直吃到青少年阶段。

第二，根据专家达成的共识——吃维生素 AD 比单纯地补充维生素 D 效果好。

第三，口服维生素AD或者维生素D要注意技巧。哺乳期婴儿建议用半勺奶送服；添加辅食后的婴儿用半勺汤送服；幼儿可以直接吃，用汤送服。大量数据证明，口服维生素AD或者维生素D不会造成中毒。

第四，室外活动晒太阳对维生素D的获得有好处。

关于钙剂的补充，如果孩子一直补充维生素D或者维生素AD仍然有多汗、睡眠不好等症状，要先看看补充剂量对不对；哺乳期缺钙的婴儿应先给妈妈补钙，缺钙的情况有所好转就不用再补钙。根据《中国儿童钙营养专家共识(2019年版)》推荐，儿童补钙时应首选钙含量多、胃肠易吸收、安全性高、口感好、服用方便的钙制剂，如颗粒剂和口服液体剂。

第六章

常见检验报告部分项目的识别

血常规

识别是否有贫血

血红蛋白低于正常参考值低值时表明有贫血。具体是 90 克以上，正常参考值以下为轻度贫血，60 ~ 90 克为中度贫血，60 克以下为重度贫血。如果血红蛋白表现轻度贫血，平均红细胞体积、平均红细胞血红蛋白量、平均红细胞血红蛋白浓度等均低，地中海贫血高发区应考虑轻型地中海贫血或地中海贫血基因携带。如果血红蛋白低于正常值，平均血红蛋白浓度以及平均红细胞体积三项均低于正常值，可考虑缺铁性贫血。

识别感染

一、中性粒细胞高应考虑细菌感染

中性粒细胞有两项，一项是绝对值，另一项是百分率。不管一项高或者两项都高，应该考虑细菌感染，要用抗生素治疗，疗程 3 ～ 5 天，疗程过后最好复查看看是否恢复正常。另外，中性粒细胞一次出现减少是没有参考意义的。中性粒细胞特高、特低时要注意白血病的可能，应及时就诊。

二、淋巴细胞高应考虑病毒感染或者疾病恢复期

淋巴细胞也有两项，一项是绝对值，另一项是百分率，一项或者两项高应考虑病毒感染（俗称感冒），可以用抗病毒药物。病毒感染后身体产生抗体以对抗病毒，所以可能出现发热 3 ～ 5 天，咳嗽 4 天左右，但通常一周左右即可恢复。当发病第三四天胸片有支气管炎

或肺炎表现时，不建议用抗生素或用抗生素做包围疗法，对孩子极为不利。另外，淋巴细胞绝对值特高或特低时可能有患白血病的可能性，应及时就诊。

三、C反应蛋白、高敏C反应蛋白的识别

由于每个孩子对感染所产生的这两种物质都不一样，所以不建议把这两项作为判断感染程度的指标。它与实际的感染程度无关。

血小板

当红细胞与血小板一起计数时，容易造成血小板假性增高，所以一般没有出血现象就不用去考虑血小板。血小板严重减少时要及时就诊。

大便常规

大便潜血阳性

有可能是肠炎引起，要根据孩子精神状态，是否有贫血来判断，如果上述问题均正常，腹泻基本停止，可以不用处理。孩子大便潜血也有可能是含有铁剂的药物或食物引起，所以要根据孩子的具体情况作出正确诊断。

大便虫卵

需要根据报告提示进行相应处理。

大便黏液

可能是肠炎所致。如果孩子情况好，没有不适感觉，不用处理。

尿常规

尿红细胞

孩子尿液中出现红细胞可能是由肾脏疾病或其他感染引起，应查明原因，及时处理。

尿白细胞

孩子尿液中出现白细胞可能是肾脏、输尿管疾病引起，如肾炎、尿路感染，应查明原因，及时治疗。

尿蛋白

孩子尿液中有蛋白质可能是肾脏疾病引起，需要查明原因并及时治疗。因为溶血性链球菌感染出现的线粒体肥大、扁桃体二度以上肥大的孩子，建议每年要查尿常规两次以上，防止肾炎的发生，而出现尿蛋白需要进行常规治疗。

过敏原测试结果仅供参考，不是诊断过敏的唯一指标。因为测试容易出现假阳性，加上往往在孩子出现皮疹或者其他疾病时才进行测试，身体刚好出现应激状态，结果会出现一个“+”或两个“+”，但不能认定是过敏，个别测试结果大米没有过敏，而出现面粉过敏，两者均为淀粉，无法认定结果。不支持在辅食添加前做过敏原测试。认定食物过敏的方法如下。

多次测试，对比结果

出现三个“+”以上考虑过敏的可能，可选择在孩子没有患病的时候进行测试，并要多次测试，对比结果，判定是否真的过敏。

避免感冒发病前后测试过敏原

感冒时孩子免疫系统处于应激状态，容易出现假阳性，所以不要在孩子发病时做过敏原测试。

过敏原测试出现一个“+”的食物如何处理

对于过敏原测试有一个“+”的食物要多次试吃，如果每次都有相同的问题，而且症状越来越重，就有可能对这种食物过敏。

另外，不能凭一次过敏原测试就轻易下结论，要通过多次试验来确认。如果孩子能吃能睡精神好，体重增长幅度正常，就不考虑食物过敏。

营养补充小贴士

维生素 A 和维生素 D 是人体必需的两种重要的脂溶性维生素，对儿童生长发育、疾病预防甚至一生的健康都至关重要。

鉴于我国 0 ~ 3 岁婴幼儿和 3 ~ 6 岁学龄前儿童普遍存在维生素 A、维生素 D 缺乏及不足的状况，推荐坚持每日补充小剂量维生素 AD（维生素 A 1500 ~ 2000 单位，维生素 D 400 ~ 800 单位）。这是《中国儿童维生素 A、维生素 D 临床应用专家共识》推荐的有效、安全、经济的预防性干预措施。这样的预防应覆盖 0 ~ 3 岁婴幼儿和 3 ~ 6 岁学龄前儿童。对于青少年和成年人而言，基于生长发育和身体健康的需求，也可以服用维生素 AD。

附录一

3 岁以下婴幼儿健康养育照护指南（试行）

为贯彻落实《中共中央 国务院关于优化生育政策促进人口长期均衡发展的决定》《国务院办公厅关于促进3岁以下婴幼儿照护服务发展的指导意见》(国办发〔2019〕15号）和《健康儿童行动提升计划（2021—2025年)》(国卫妇幼发〔2021〕33号)，提升儿童健康水平，促进儿童早期发展，加强婴幼儿养育照护指导，强化医疗机构通过养育风险筛查与咨询指导、父母课堂、亲子活动、随访等形式，指导家庭养育人掌握科学育儿理念和知识，提高婴幼儿健康养育照护能力和水平，特制定本指南。

一、婴幼儿健康养育照护的重要意义

婴幼儿时期是儿童生长发育的关键时期，这一时期大脑和身体快速发育。为婴幼儿提供良好的养育照护和健康管理，有助于儿童在生理、心理和社会能力等方面得到全面发展，为儿童未来的健康成长奠定基础，并有助于预防成年期心脑血管病、糖尿病、抑郁症等多种疾病的发生。

儿童早期是生命全周期中人力资本投入产出比最高的时期，儿童早期的发展不仅决定了个体的健康状况与发展，也深刻影响着国家人力资源和社会经济发展。对婴幼儿进行良好的养育照护和健康管理是实现儿童早期发展的重要举措。父母是婴幼儿养育照护和健康管理的第一责任人，儿童保健人员要强化对养育人养育照护的咨询指导。

二、婴幼儿健康养育照护的基本理念

理念是行动的先导，科学的养育照护理念是促进婴幼儿健康成长的重要保障。儿童保健人员要指导养育人充分认识健康养育照护的重要意义，树立科学的育儿理念，掌握科学育儿知识和技能。

（一）重视婴幼儿早期全面发展

0 ～ 3 岁为婴幼儿期。婴幼儿早期发展是指儿童在这个时期生理、心理和社会能力方面得到全面发展，具体体现在儿童的体格、运动、认知、语言、情感和社会适应能力等各方面的发展。早期发展对婴幼儿的成长具有重要意义，养育人要关注婴幼儿的全面发展。

（二）遵循儿童生长发育规律和特点

养育照护中养育人要遵循婴幼儿生长发育的规律，尊重个体特点和差异，不盲目攀比，避免揠苗助长。要做好定期健康监测，及时关注婴幼儿生长发育异常表现，做到早发现、早诊断、早干预。

（三）给予儿童恰当积极的回应

养育人要了解各年龄段婴幼儿身心发展特点，在养育照护中应关注婴幼儿的表情、声音、动作和情绪等表现，理解其所发出的信号和表达的需求，及时给予恰当、积极的回应。

（四）培养儿童自主和自我调节能力

婴幼儿的自理能力和良好的行为习惯是在日常生活中逐步养成的。在保证安全的前提下，养育人要为婴幼儿提供自由玩耍的机会，鼓励儿童自由探索，引导婴幼儿发展解决问题的能力和创造力。养育人要帮助婴幼儿建立规律的生活作息，养成良好的生活习惯，逐渐培养其自理能力，不包办代替。养育人要帮助儿童识别自己和他人的情绪，适时建立合理规则，发展儿童的自我调节能力。

（五）注重亲子陪伴和交流玩耍

婴幼儿在与养育人的亲密相处中逐渐认识自我、建立自信、培养情感和拓展能力。养育人应充分参与对婴幼儿的养育照护，提供高质量的亲子陪伴与互动，共同感受成长的快乐，建立融洽的亲子关系。交流和玩耍是亲子陪伴的重要内容，也是养育照护中促进婴幼儿早期发展的核心措施。

（六）将早期学习融入养育照护全过程

在日常养育过程中，婴幼儿通过模仿、重复、尝试等，发展运动、认知、语言、情感和社会适应等各方面能力。养育人要将早期学习融入婴幼儿养育照护的每个环节，充分利用家庭和社会资源，为婴幼儿提供丰富的早期学习机会。

（七）努力创建良好的家庭环境

家庭是婴幼儿早期成长和发展的重要环境。要构建温馨、和睦的家庭氛围，给儿童展现快乐、积极的生活态度，培养积极、乐观的品格。同时，要为婴幼儿提供整洁、安全、有趣的活动空间，有适合其年龄的玩具、图书和生活用品。

（八）认真学习提高养育素养

养育人要学习婴幼儿生长发育知识，掌握养育照护和健康管理的各种技能和方法，不断提高科学育儿的能力，在养育的实践中，与儿童同步成长。

养育人的身心健康会影响养育照护过程，从而对儿童健康和发展产生重要影响。养育人应主动关注自身健康，保持健康生活方式，提高生活质量，定期体检，及时发现和缓解养育焦虑，保持身心健康。

三、婴幼儿健康养育照护咨询指导内容

（一）生长发育监测

1. 目的和意义。

婴幼儿健康不仅表现为没有疾病或虚弱，还体现在身体、心理和社会功能的完好状态以及潜能的充分发展。监测婴幼儿体格生长、心理行为发育和社会适应能力发展，是保障和促进婴幼儿健康成长的重要手段。

指导养育人了解婴幼儿生长发育的特点，积极参加儿童定期健康检查，开展生长发育家庭监测，并及时发现问题，在医务人员指导下尽早干预，从而促进婴幼儿身心健康发展。

2. 指导要点。

（1）定期健康检查。

养育人应定期带婴幼儿接受国家基本公共卫生服务项目0～6岁儿童健康管理，1岁以内婴儿应当在出院后1周内、满月、3月龄、6月龄、8月龄和12月龄，1～3岁幼儿在18月龄、24月龄、30月龄和36月龄时监测其健康状况，及早发现消瘦、超重、肥胖、发育迟缓、贫血、维生素D缺乏性佝偻病、眼病、听力障碍及龋病等健康问题，查找病因，及时干预。

（2）体格生长监测。

指导养育人使用0～3岁儿童生长发育监测图（附件1）进行家庭自我监测。若儿童体重、身长（身高）等体格生长水平低于第3百分位或高于第97百分位，或者出现生长速度平缓或下降或突增，应及时就诊。

（3）心理行为发育监测。

婴幼儿心理行为发育涉及感知、认知、大运动、精细动作、语言、社会适应与交往等多方面。指导养育人及时了解 0 ～ 3 岁婴幼儿的心理行为发育里程碑；在接受国家基本公共卫生服务项目 0 ～ 6 岁儿童健康检查时，积极配合进行“儿童心理行为发育问题预警征象”筛查（附件 2）等儿童心理行为发育检查，及时发现发育偏异的可能和风险，进行进一步评估和早期干预。

（4）眼病的防控与家庭照护。

指导养育人提高对视力不良和近视的防控意识，引导家庭定期主动接受儿童眼保健和视力检查服务，完成各年龄阶段的眼病筛查、视力和“远视储备量”的监测，以早期发现和治疗早产儿视网膜病变、先天性白内障、视网膜母细胞瘤等致盲性眼病，预防近视的发生。

日常养育照护中应保证婴幼儿充足睡眠、均衡膳食和户外活动时间，减少持续近距离用眼时间，保持婴幼儿眼部清洁卫生。2岁以内不建议观看或使用电子屏幕，2岁以上观看或使用电子屏幕时间每天累计不超过1小时，每次使用时间不超过20分钟。如婴幼儿出现以下症状应及时就诊：不能追视、对外界反应差；看东西时凑近、眯眼、皱眉、斜眼、歪头；瞳孔区发白、畏光、流泪、眼部发红或有脓性分泌物等。

（5）听力障碍的预防与家庭照护。

指导家庭积极主动接受儿童耳及听力保健服务，注意观察儿童对声音的反应和语言发育的情况。日常养育中，应远离强声或持续噪声环境，避免儿童去有强工业噪声、娱乐性噪声的场所；避免儿童使用耳机；洗澡或游泳时防止呛水和耳部进水；不要自行清洁外耳道，避免损伤；避免头部、耳部外伤和外耳道异物；儿童罹患腮腺炎或脑膜炎后，应注意观察其听力变化。

如发现儿童有以下情形之一，应及时就诊，接受进一步评估：耳部及耳周皮肤异常；外耳道有分泌物或异常气味；有拍打或抓挠耳部的动作；有耳痒、耳痛、耳胀等症状；对声音反应迟钝，或有语言发育迟缓的表现；头常常往一侧歪，或对呼唤无回应。

（6）龋病的防控与家庭照护。

婴幼儿萌出第一颗乳牙时就应开始清洁牙齿。养育人可根据月龄选用纱布、指套牙刷、儿童常规牙刷早晚为婴幼儿清洁牙齿。建议使用儿童含氟牙膏，牙膏使用量为米粒大小。每次进食后喂白开水或清洁口腔。尽量避免餐间摄入含糖饮食，饮水以白水为主。养育人不应将食物嚼碎后再喂给婴幼儿、不应与婴幼儿共用餐具，婴幼儿喂养器具应经常清洗消毒。

第一颗乳牙萌出到 12 月龄之间，进行第一次口腔检查和患龋风险评估，之后每 3 ～ 6 个月定期检查。对患龋中、低风险的婴幼儿，每年使用含氟涂料2次；对高风险的婴幼儿，每年使用4次。乳磨牙深窝沟可行窝沟封闭。一旦发现牙齿有颜色、质地及形态的改变建议及时就诊。

（二）营养与喂养

1. 目的和意义。

充足的营养和良好的喂养是促进婴幼儿体格生长、机体功能成熟及大脑发育的保障。养成良好的饮食习惯，是培养婴幼儿健康生活方式的重要内容，为成年期健康生活方式奠定基础。

指导养育人掌握母乳喂养、辅食添加、合理膳食、饮食行为等方面的基本知识和操作技能，为婴幼儿提供科学的营养喂养照护，预防儿童营养性疾病的发生，促进儿童健康成长。

2. 指导要点。

(1) 母乳喂养。

①母乳喂养优点。母乳含有丰富的营养素、免疫活性物质和水分，能够满足0～6个月婴儿生长发育所需的全部营养，有助于婴幼儿大脑发育，降低婴儿患感冒、肺炎、腹泻等疾病的风险，减少成年后肥胖、糖尿病、心脑血管疾病等慢性病的发生，增进亲子关系，还可以减少母亲产后出血、乳腺癌、卵巢癌的发病风险。

②母乳喂养方法。出生后尽早进行皮肤接触、早吸吮、早开奶。6个月内的婴儿提倡纯母乳喂养，不需要添加水和其他食物。做到母婴同室、按需哺乳，每日8～10次以上，使婴儿摄入足量乳汁。

③促进乳汁分泌的方法。婴儿充分地吸吮是促进乳汁分泌的最有效方法。母亲心情愉悦、睡眠充足、营养均衡也是促进泌乳的重要因素。若持续母乳不足，应在

医生评估指导下处理。

④早产儿哺乳。母乳喂养是早产儿首选的喂养方式，提倡母亲亲自喂养和袋鼠式护理。对胎龄 <34 周、出生体重 <2000 克的早产儿或体重增长缓慢者，根据医生指导，在母乳中添加母乳强化剂。

（2）微量营养素的补充。

①足月儿生后数日内开始，在医生指导下每天补充维生素 D400 国际单位，促进生长发育。纯母乳喂养的足月儿或以母乳喂养为主的足月儿 4 ～ 6 月龄时可根据需要适当补铁，以预防缺铁性贫血的发生。

②早产或低出生体重儿一般生后数日内开始，在医生指导下，每天补充维生素 D 800 ～ 1000 国际单位，3 个月后改为每天 400 国际单位；出生后 2 ～ 4 周开始，按 2 毫克 /（千克 · 天）补充铁元素，上述补充量包括配方奶及母乳强化剂中的含量。酌情补充钙、维生素 A 等

营养素。

（3）辅食添加。

①添加时间。婴儿6个月起应添加辅食，在合理添加辅食基础上，可继续母乳喂养至2岁及以上。早产儿在校正胎龄4～6月时应添加辅食。

②添加原则。每次只添加一种新的食物，由少量到多量、由一种到多种，引导婴儿逐步适应。从一种富含铁的泥糊状食物开始，逐渐增加食物种类，逐渐过渡到半固体或固体食物。每引入一种新的食物，适应2～3天后再添加新的食物。

③辅食种类。制作辅食的食物包括谷薯类、豆类及坚果类、动物性食物（鱼、禽、肉及内脏）、蛋、含维生素A丰富的蔬果、其他蔬果、奶类及奶制品等7类。添加辅食种类每日不少于4种，并且至少应包括一种动物性食物、一种蔬菜和一种谷薯类食物。6～12月龄阶

段的辅食添加对婴儿生长发育尤为重要，要特别注意添加的频次和种类。婴幼儿辅食添加频次、种类不足，将明显影响生长发育，导致贫血、低体重、生长迟缓、智力发育落后等健康问题。6 ~ 9 月龄婴儿，每天需要添加辅食 1 ~ 2 次。9 ~ 12 月龄婴儿，每天添加辅食增为 2 ~ 3 次。

④合理制作。婴幼儿辅食应单独制作，选用新鲜、优质、无污染的食材和清洁的水制作。烹调宜用蒸、煮、炖、煨等方式，食材要完全去除硬皮、骨、刺、核等，豆类或坚果要充分磨碎。1 岁以内婴儿辅食应保持原味，不加盐、糖和调味品，1 岁以后辅食要少盐、少糖。鼓励幼儿尝试多样化食物，避免食用经过腌制、卤制、烧烤的食物，以及重油、甜腻、辛辣刺激的重口味食物。

6 ~ 24 月龄婴幼儿辅食添加要点详见附件 3。

(4) 培养良好的饮食习惯。

1岁以后幼儿逐步过渡到独立进食，养育人要为幼儿营造轻松愉快的进食环境，引导而不强迫幼儿进食。安排幼儿与家人一起就餐，并鼓励自主进食。关注幼儿发出的饥饿和饱足信号，及时做出回应。不以食物作为奖励和惩罚手段。幼儿进餐时不观看电视、手机等电子产品，每次进餐时间控制在20分钟左右，最长不宜超过30分钟，并逐渐养成定时进餐和良好的饮食习惯。

(三) 交流与玩耍

1. 目的和意义。

交流和玩耍是婴幼儿养育照护的重要内容，有利于构建良好的亲子依恋关系和伙伴关系，提升儿童体格生长和运动能力发育水平，促进心理行为和社会能力的发展。

指导养育人重视并掌握亲子交流与玩耍运动的知识与技能，充分利用家庭和社会资源，为儿童提供各种交流玩耍的机会，促进婴幼儿各种能力的协同发展。

2. 指导要点。

（1）亲子交流。

①身体接触。养育人通过抚摸、拥抱等身体的亲密接触进行亲子交流，让婴幼儿感受到养育人的关爱，建立依恋，培养亲情。

②肢体语言。养育人通过眼神、表情、肢体动作等方式，表达对婴幼儿的关注、喜爱、鼓励和安慰，从而进一步增进亲子感情，促进亲子交流互动。

③语言交流。养育人尽早使用语言同婴幼儿进行交流，从简单的语音开始，逐渐提升到单词、短语，再到完整的语句。向婴幼儿描述周围的人、日常用品、活

动和事物等，帮助孩子练习听和说，培养理解和表达能力；随着语言能力的提高，要经常为婴幼儿讲故事、读绘本、唱儿歌，多听多说，为婴幼儿提供丰富的语言环境。

（2）玩耍运动。

①自由玩耍。养育人应利用室内和户外各种条件和场所，与婴幼儿一起进行不拘形式的自由玩耍。主动营造快乐的氛围，关注婴幼儿的好奇心，并通过陪伴、互动、示范等方式引导婴幼儿尝试不同的活动，激发探索的兴趣。

②亲子游戏。亲子互动游戏是婴幼儿最常见和重要的活动方式，如念儿歌、模仿动物叫声、和婴儿一起模仿打电话、听指令拿东西、躲猫猫、拍手游戏、叫名字、照镜子、指认身体部位等。根据婴幼儿的年龄和发育水平选择玩具，鼓励养育人利用日常用品或自制玩具

进行游戏，如用空盒子玩垒高游戏。在亲子游戏中，注重婴幼儿认知、语言、情感及社会交往等能力的发展，提倡父亲参与。

③运动锻炼。顺应婴幼儿运动发育规律，充分利用室内外安全和开放的活动场地，提供爬、走、跑、跳等大动作，以及抓握、垒高、涂鸦等精细动作的练习机会。避免婴幼儿久坐超过1小时。幼儿每天身体活动时间至少3小时，其中户外活动时间至少2小时，遇到雾霾、高温等特殊天气宜酌情减少户外活动时间。

不同年龄段的婴幼儿亲子交流与玩耍运动要点详见附件4。

（3）社交体验。

①家庭活动。养育人要为婴幼儿提供快乐的家庭生活，包括日常的衣食住行和各种家庭活动。有计划地让幼儿参与力所能及的家务劳动，如练习整理自己的

衣物、用品、玩具、书本等，提升生活技能和自理能力。通过走亲访友、家庭聚会、生日和节日活动等家庭活动，帮助婴幼儿学习和他人相处，获得丰富的生活体验。

②同伴交往。养育人应经常为婴幼儿创造与同龄伙伴交流和玩耍的机会。通过示范和引导，帮助幼儿发展关心、分享、合作等亲社会行为，对积极的行为给予及时肯定和赞赏。在与小朋友交往中，帮助幼儿学习简单的行为规则。关注婴幼儿的情绪变化，通过抚摸、拥抱、柔和的语调等方式缓解其焦虑、恐惧、愤怒等不良情绪。

③社区活动。养育人应充分利用社区资源（公园、儿童活动中心、儿童游乐园、文体场所等），带儿童参观、游览、玩耍，接触大自然，获得丰富体验。

（四）生活照护指导

1. 目的和意义。

良好的日常生活照护是促进婴幼儿生长发育的基本保障，是养育人实践回应性照护的重要体现，也是建立亲子关系的重要纽带。

指导养育人重视对婴幼儿的生活照护，创设良好的居家环境，掌握日常护理和推拿保健技巧，培养婴幼儿健康的生活方式，养成良好的生活作息习惯。

2. 指导要点。

（1）居家环境。

①家庭氛围。营造温馨、和谐、愉快的家庭氛围。在构建良好亲子关系的同时，也要构建良好的夫妻关系和亲友关系，家人之间应充分沟通，保持一致的养育观念和态度。正确处理家庭矛盾，避免对婴幼儿忽视，杜

绝虐待婴幼儿和一切形式的家庭暴力。

②家庭设施。居家环境要整洁、舒适。提供适合婴幼儿年龄特点的用具，如餐具和水杯、儿童便器等。根据婴幼儿发育水平提供适当的玩具、图片和图书等。在合适位置张贴图案简洁、色彩鲜艳、富有童趣的挂图。

③儿童空间。家庭中设置相对固定和安全的婴幼儿活动区域，空间和设施要符合婴幼儿的特点和发育水平。

（2）日常护理。

①衣着护理。为婴幼儿提供合格、舒适、清洁、安全的衣物。穿衣或换尿布时，注意观察婴幼儿的反应，通过表情、语言等给予回应和互动，逐步引导婴儿学会主动配合和自主穿衣。

②盥洗护理。重视婴幼儿个人卫生，经常为婴幼儿

洗澡，且养育人应全程在场。借助唱儿歌、讲故事等方式为婴幼儿示范正确的洗手、洗脸、刷牙等盥洗方法，引导和鼓励幼儿自己动手。

③大小便护理。关注婴幼儿大小便前的动作和表情，掌握其时间规律，固定大小便场所，逐步培养幼儿表达大小便的方式，2 岁后逐渐减少白天使用尿布的时间。

（3）推拿保健。

指导养育人学会使用摩腹、捏脊等婴幼儿常见推拿保健方法，对婴幼儿进行日常推拿保健，增强婴幼儿体质。

（4）睡眠照护。

①睡眠环境。卧室应安静、空气新鲜，室内温度 20℃～25℃为宜。白天不必过度遮蔽光线，夜晚睡后熄

灯。卧室不宜放置电视等视屏类产品。

②睡眠时间。保证婴幼儿的充足睡眠，每天总睡眠时间在婴儿期为 12 ～ 17 小时，幼儿期为 10 ～ 14 小时。婴幼儿夜间睡眠时间应达到 8 小时以上。

③入睡方式。培养婴幼儿自主入睡习惯，敏感识别婴幼儿睡眠信号，及时让其独立入睡，避免养成抱睡、摇睡、含乳头睡等不良入睡习惯。

（五）伤害预防

1. 目的和意义。

预防伤害是养育人的基本责任，对婴幼儿一生的健康至关重要，也是帮助婴幼儿养成安全意识和行为习惯的重要内容。

指导养育人树立预防婴幼儿伤害的意识，牢记婴幼儿不能离开养育人的视线范围，养成安全看护的行为习惯，提升环境安全水平，掌握常用急救技能，预防婴幼儿伤害发生。

2. 指导要点。

（1）加强看护。

①专心看护。看护婴幼儿时，不应同时使用手机等电子设备，不从事其他非必要活动。多人与婴幼儿一起时，应明确一人负责照护。

②近距离看护。与婴幼儿保持较近的距离。婴幼儿在水中或水边、高处、身边有动物等情况下，与婴幼儿保持伸手可及的距离。

③看护禁忌。不让婴幼儿处在无人看护的状态下，不与婴幼儿做不安全的游戏，不让未成年人看护婴幼儿。

④行为示范。养育人自身遵守安全规则，在日常看

护中为幼儿做出安全示范，教会其识别伤害风险，提升幼儿的安全意识，帮助其建立安全行为习惯。

（2）营造安全环境。

①清除隐患。随时排查和清除婴幼儿活动区域内的尖锐物品，可放入口、鼻、耳的小件物品或食物，破损玩具，不安全的运动娱乐设备和电器、药物、化学品等。

②隔离危险。楼梯、厨房应安装护栏、门栏，将药物、日用化学品、热物、刀具、电源、电器放置在婴幼儿无法接触到的固定位置，水池、沟渠要安装护栏，水桶、水盆、井等要加盖。

③使用安全产品。选择有安全质量认证的、适龄的玩具和儿童用品。使用儿童安全座椅、家具防护角、窗户锁等安全相关产品。

（3）紧急处置。

①心肺复苏。养育人应主动学习并掌握婴幼儿意识、呼吸、心跳的判断方法，不同年龄段婴幼儿心肺复苏方法。

②常见伤害处置。养育人应主动学习基本的院前止血、包扎、固定、搬运技术。学会用腹部冲击法、背部叩击法、胸部冲击法等，处置婴幼儿气道异物梗阻。掌握烧烫伤后用凉水冲洗、浸泡，安全去除伤处衣物，防止创面感染的现场处理方法。

③虐待暴力处置。注意观察婴幼儿，怀疑婴幼儿遭受虐待或暴力时，应及时寻求专业部门的援助，并向公安机关等部门报告。

（六）常见健康问题的防控及照护

1. 目的和意义。

定期接受健康检查、及时接种疫苗是预防婴幼儿常见健康问题的必要策略，也是婴幼儿健康成长的重要保障。

通过指导，使养育人了解、辨识婴幼儿常见健康问题，掌握相应的家庭护理技能。

2. 指导要点。

（1）高危儿家庭护理。

对存在健康风险因素的高危儿，如早产儿、出生低体重儿、有出生并发症的新生儿等，要指导养育人及时就诊，在医生指导下进行家庭干预和护理。

（2）营养性疾病的防控。

①缺铁性贫血。婴儿 6 月龄起，要及时添加富含铁的食物，以预防缺铁性贫血。发生缺铁性贫血应按医嘱及时补充铁剂。

②营养不良。要合理添加辅食，保障婴幼儿生长所

需能量、蛋白质及其他营养素。连续2次体重增长不良或营养改善3～6个月后身长仍增长不良者，需到专科门诊进行会诊治疗。强化儿童营养与喂养指导，提倡吃动并重，预防和减少儿童超重和肥胖。

③维生素D缺乏性佝偻病。发病高峰在3～18月龄。婴幼儿出生数日后即可开始补充维生素D，尽早进行户外活动，充分暴露身体部位，可预防佝偻病发生。发生维生素D缺乏性佝偻病应按医嘱治疗。

（3）传染病的预防与家庭护理。

幼儿急疹、风疹、手足口病、水痘、流感等为婴幼儿常见传染病。养育人应及时为婴幼儿接种疫苗，保持室内空气流通，注意个人卫生，积极进行运动锻炼，传染病流行期间不去人多聚集的地方，预防传染病的发生。婴幼儿患病期间要遵医嘱进行治疗，做好隔离和环境物品的清洁消毒，注意休息和营养，做好口腔、皮肤等的护理。

（4）危重症识别。

婴幼儿如出现以下症状，建议立即就诊：精神状态较平时差，进食量明显减少，不能喝水或吃奶；抽搐或囟门凸起；频繁呕吐；呼吸加快（1分钟计数呼吸次数，＜2月龄超过60次、2～12月龄超过50次、2～3岁超过40次）；鼻翼翕动、胸凹陷等呼吸困难，呼吸暂停伴紫绀；腹泻水样大便持续2～3天，大便带血，小便明显减少或无尿；眼窝凹陷或囟门凹陷，皮肤缺乏弹性，哭时泪少；脐部脓性分泌物多，脐周皮肤发红和肿胀；新生儿皮肤严重黄染（手掌或足底）、皮肤脓疱；眼或耳部有脓性分泌物。

附件：

1. 0～3岁儿童生长发育监测图

2. 儿童心理行为发育问题预警征象筛查表

3. 6～24月龄婴幼儿辅食添加要点

4. 婴幼儿亲子交流与玩耍要点

附件1 0～3岁儿童生长发育监测图

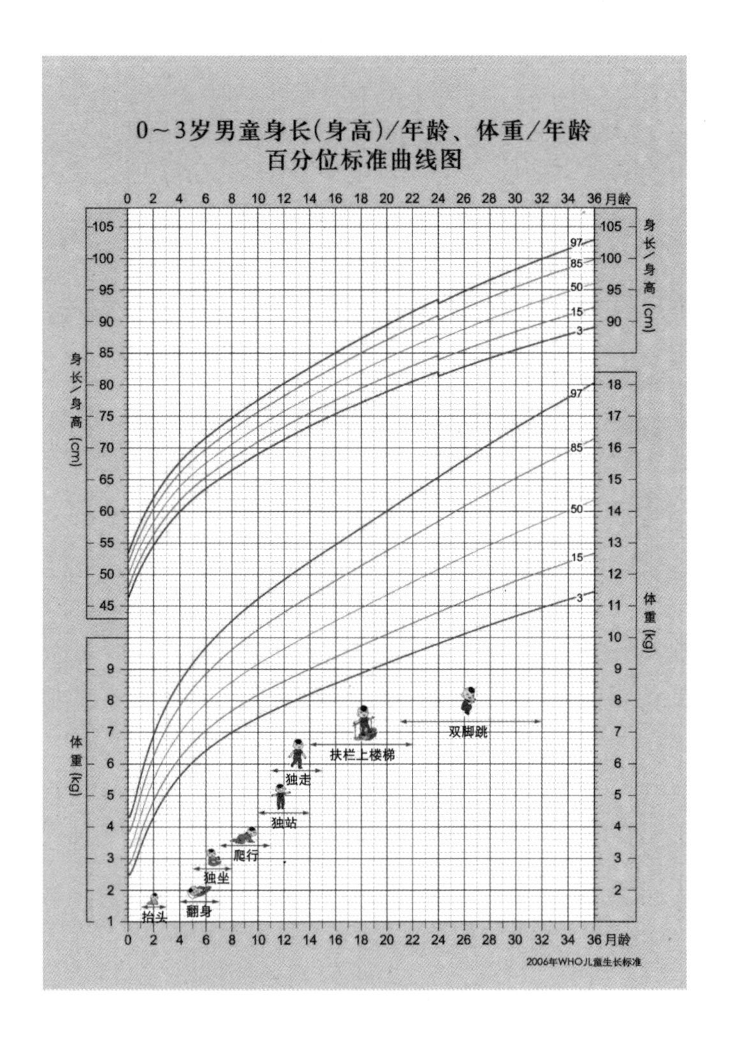

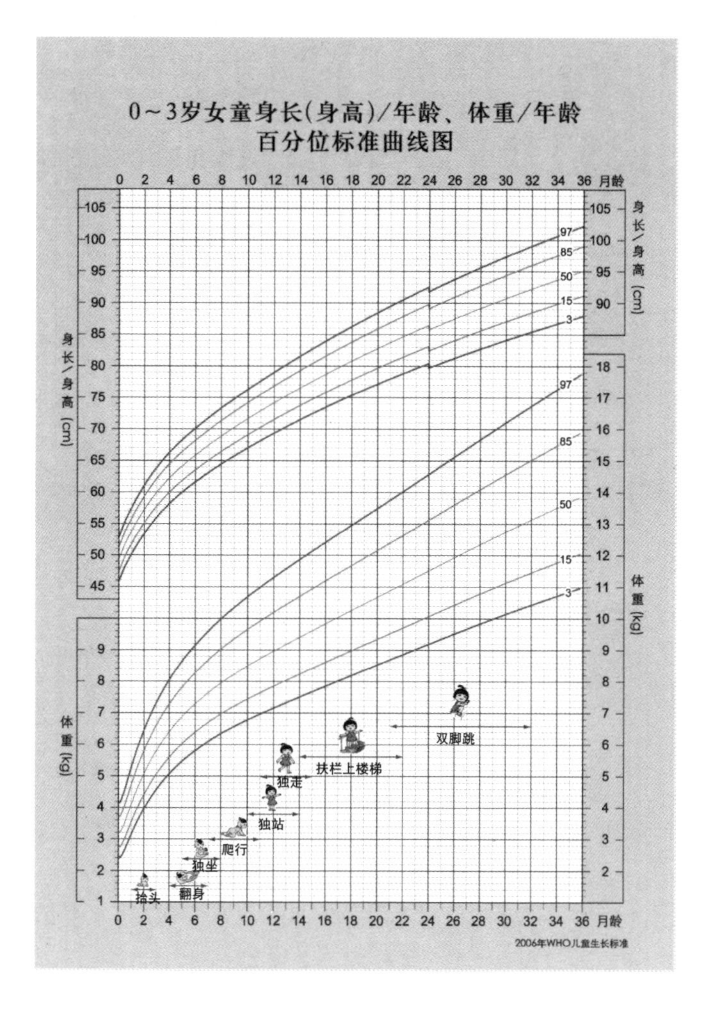
0～3岁女童身长(身高)/年龄、体重/年龄
百分位标准曲线图
月龄
身长/身高 (cm)
体重 (kg)
97
85
50
15
3
抬头
翻身
独坐
爬行
独站
独走
扶栏上楼梯
双脚跳
2006年WHO儿童生长标准

附件2　儿童心理行为发育问题预警征象筛查表

年龄	预警征象		年龄	预警征象	
3月	1.对很大声音没有反应	□	6月	1.发音少，不会笑出声	□
	2.逗引时不发音或不会微笑	□		2.不会伸手抓物	□
	3.不注视人脸，不追视移动的人或物品	□		3.紧握拳松不开	□
	4.俯卧时不会抬头	□		4.不能扶坐	□
8月	1.听到声音无应答	□	12月	1.呼唤名字无反应	□
	2.不会区分生人和熟人	□		2.不会模仿“再见”或“欢迎”动作	□
	3.双手间不会传递玩具	□		3.不会用拇食指对捏小物品	□
	4.不会独坐	□		4.不会扶物站立	□
18月	1.不会有意识叫“爸爸”或“妈妈”	□	24月	1.不会说3个物品的名称	□
	2.不会按要求指人或物	□		2.不会按吩咐做简单事情	□
	3.与人无目光交流	□		3.不会用勺吃饭	□
	4.不会独走	□		4.不会扶栏上楼梯/台阶	□

续表

年龄	预警征象	年龄	预警征象
30月	1.不会说2～3个字的短语 □	36月	1.不会说自己的名字 □
	2.兴趣单一、刻板 □		2.不会玩“拿棍当马骑”等假想游戏 □
	3.不会示意大小便 □		3.不会模仿画圆 □
	4.不会跑 □		4.不会双脚跳 □
4岁	1.不会说带形容词的句子 □	5岁	1.不能简单叙说事情经过 □
	2.不能按要求等待或轮流 □		2.不知道自己的性别 □
	3.不会独立穿衣 □		3.不会用筷子吃饭 □
	4.不会单脚站立 □		4.不会单脚跳 □
6岁	1.不会表达自己的感受或想法 □		
	2.不会玩角色扮演的集体游戏 □		
	3.不会画方形 □		
	4.不会奔跑 □		

注：适用于0～6岁儿童。检查有无相应年龄的预警征象，发现相应情况在“□”内打“✓”。该年龄段任何一条预警征象阳性，提示有发育偏异的可能。

附件3 6～24月龄婴幼儿辅食添加要点

月龄	频次（每天）	母乳之外食物每餐平均进食量	食物质地（稠度/浓度）	食物种类
6个月之后（6月龄）开始添加辅食	继续母乳喂养 + 从1次开始添加泥糊状食物逐渐推进到2次	从尝一尝开始逐渐增加到2～3小勺	稠粥/肉泥/菜泥	辅食主要包括以下7类： 1.谷薯/主食类（稠粥、软饭、面条、土豆等） 2.动物性食物（鱼、禽、肉及内脏） 3.蛋类 4.奶类和奶制品（以动物乳、酸奶、奶为主要原料的食物等） 5.豆类和坚果制品（豆浆、豆腐、芝麻酱、花生酱等） 6.富含维生素A的蔬菜和水果（南瓜、红心红薯、杧果等） 7.其他蔬菜和水果（白菜、西蓝花、苹果、梨等） ＊添加辅食种类每日不少于4种，并且至少应包括一种动物性食物、一种蔬菜和一种谷薯类食物
6～9月龄	继续母乳喂养 + 逐渐推进（半）固体食物摄入到1～2次	每餐2～3勺逐渐增加到1/2碗（250ml的碗）	稠粥/糊糊/捣烂或煮烂的家庭食物	
9～12月龄	逐渐推进（半）固体食物摄入到2～3次 + 继续母乳喂养	1/2碗（250ml的碗）	细细切碎的家庭食物/手指食物/条状食物	
12～24月龄	3次家庭食物进餐 + 2次加餐 + 继续母乳喂养	3/4碗到1整碗（250ml的碗）	软烂的家庭食物	

附件4　婴幼儿亲子交流与玩耍要点

0～1月龄	1～3月龄	3～6月龄
交流：注视新生儿的眼睛，温柔地与他（她）说话，尤其是哺乳、照护的时候，让新生儿看养育人的脸，听养育人的声音。	交流：在喂奶时或孩子清醒时，对着他（她）笑，模仿他（她）的声音和他（她）说话交流。	 交流：经常和孩子说话、逗笑，通过模仿他（她）的声音、表情和动作与他（她）交流。
 玩耍：让新生儿看、听，接触养育人，自由地活动四肢；轻轻地抚摸和怀抱他（她），与他（她）亲密皮肤接触会更好。	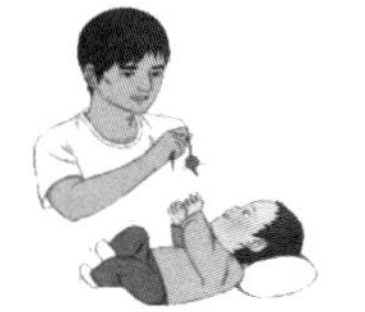 玩耍：让孩子看、听，接触养育人，自由地活动四肢；在床上、炕上帮助婴儿俯卧、抬头；慢慢移动彩色玩具或物品让他（她）看、触摸，可用红球、绳子串起的圆环做玩具。	 玩耍：多让孩子俯卧、抬头，帮助他（她）翻身，让孩子伸手去够、抓握玩具，可用不同质地的，如布或塑料瓶做的玩具。

续表

6~9月龄	9~12月龄	12~18月龄

交流：对孩子的声音和兴趣给予回应，叫他（她）名字观察反应，用布遮住脸玩“躲猫猫”，和他（她）说看到的人或物品。	交流：教孩子认家中物品、人及身体部位，和孩子说话、唱歌、结合场景边说边做手势，如拍手“欢迎”、挥手“再见”。可用具有五官的娃娃做玩具。	交流：问孩子简单的问题，回应他（她）说的话。用简单的指令调动他（她）的活动，如“把杯子给我”；鼓励他（她）称呼周围的人，看物品和图片，说出名称。

玩耍：让孩子练习坐，在床上、炕上翻滚，给他（她）提供一些干净、安全的家庭物品，让他（她）抓握、传递、敲打，可用杯子、勺子做玩具。	玩耍：鼓励孩子爬行、站立和扶走，让他（她）练习用拇食指捏小物品。把玩具放在布下面与孩子玩“藏猫猫”。	玩耍：鼓励孩子独自行走、蹲下和站起，握笔涂画，用套叠杯、碗、饮料瓶玩堆叠游戏，或把物品放进容器再拿出来。

续表

18～24月龄	24～36月龄
 交流：与孩子多说话，问他（她）问题并耐心等待他（她）的回答，用清晰、正确的发音回应他（她）说的话。带他（她）边看大自然、图画书和物品，边和他（她）交谈。	 交流：与孩子一起看图画书，讲故事、说儿歌，尝试和他（她）讨论图画书的内容；教他（她）说自己的姓名、性别，教他（她）认识物品的形状、颜色、用途。
 玩耍：多户外活动，鼓励孩子扶着支撑物上下台阶，玩扔球、踢球，练习翻书、拧开瓶盖。引导他（她）玩给娃娃喂饭等模仿性游戏。	 玩耍：让孩子练习单脚站立、双脚蹦跳、踢球等，培养他（她）自己洗手、吃饭、扣扣子、穿鞋等生活自理能力；鼓励他（她）与小朋友玩“开火车”“骑竹竿”等游戏。

附录二

国家免疫规划疫苗儿童免疫程序说明（2021 版）

国家免疫规划疫苗儿童免疫程序及说明（2021版）

国家免疫规划疫苗儿童免疫程序表（2021版）

可预防疾病	疫苗种类	接种途径	剂量	英文缩写	接种年龄														
					出生时	1月	2月	3月	4月	5月	6月	8月	9月	18月	2岁	3岁	4岁	5岁	6岁
乙型病毒性肝炎	乙肝疫苗	肌内注射	10或20μg	HepB	1	2					3								
结核病1	卡介苗	皮内注射	0.1mL	BCG	1														
脊髓灰质炎	脊灰灭活疫苗	肌内注射	0.5mL	IPV			1	2											
	脊灰减毒活疫苗	口服	1粒或2滴	bOPV					3								4		
百日咳、白喉、破伤风	百白破疫苗	肌内注射	0.5mL	DTaP				1	2	3				4					
	白破疫苗	肌内注射	0.5mL	DT															5
麻疹、风疹、流行性腮腺炎	麻腮风疫苗	皮下注射	0.5mL	MMR								1		2					
流行性乙型脑炎2	乙脑减毒活疫苗	皮下注射	0.5mL	JE-L								1			2				
	乙脑灭活疫苗	肌内注射	0.5mL	JE-I								1、2			3				4
流行性脑脊髓膜炎	A群流脑多糖疫苗	皮下注射	0.5mL	MPSV-A							1		2						
	A群C群流脑多糖疫苗	皮下注射	0.5mL	MPSV-AC												3			4
甲型病毒性肝炎3	甲肝减毒活疫苗	皮下注射	0.5或1.0mL	HepA-L										1					
	甲肝灭活疫苗	肌内注射	0.5mL	HepA-I										1	2				

注：1.主要指结核性脑膜炎、粟粒性肺结核等。

2.选择乙脑减毒活疫苗接种时，采用两剂次接种程序。选择乙脑灭活疫苗接种时，采用四剂次接种程序；乙脑灭活疫苗第1、2剂间隔7~10天。

3.选择甲肝减毒活疫苗接种时，采用一剂次接种程序。选择甲肝灭活疫苗接种时，采用两剂次接种程序。

第一部分　一般原则

一、接种年龄

（一）接种起始年龄：免疫程序表所列各疫苗剂次的接种时间，是指可以接种该剂次疫苗的最小年龄。

（二）儿童年龄达到相应剂次疫苗的接种年龄时，应尽早接种，建议在下述推荐的年龄之前完成国家免疫规划疫苗相应剂次的接种：

1. 乙肝疫苗第 1 剂：出生后 24 小时内完成。

2. 卡介苗：小于 3 月龄完成。

3. 乙肝疫苗第 3 剂、脊灰疫苗第 3 剂、百白破疫苗第 3 剂、麻腮风疫苗第 1 剂、乙脑减毒活疫苗第 1 剂或乙脑灭活疫苗第 2 剂：小于 12 月龄完成。

4.A 群流脑多糖疫苗第 2 剂：小于 18 月龄完成。

5. 麻腮风疫苗第 2 剂、甲肝减毒活疫苗或甲肝灭活疫苗第 1 剂、百白破疫苗第 4 剂：小于 24 月龄完成。

6. 乙脑减毒活疫苗第 2 剂或乙脑灭活疫苗第 3 剂、甲肝灭活疫苗第 2 剂：小于 3 周岁完成。

7.A 群 C 群流脑多糖疫苗第 3 剂：小于 4 周岁完成。

8. 脊灰疫苗第 4 剂：小于 5 周岁完成。

9. 白破疫苗、A 群 C 群流脑多糖疫苗第 4 剂、乙脑灭活疫苗第 4 剂：小于 7 周岁完成。

如果儿童未按照上述推荐的年龄及时完成接种，应根据补种通用原则和每种疫苗的具体补种要求尽早进行补种。

二、接种部位

疫苗接种途径通常为口服、肌内注射、皮下注射和皮内注射，具体见第二部分“每种疫苗的使用说明”。注射部位通常为上臂外侧三角肌处和大腿前外侧中部。当多种疫苗同时注射接种（包括肌内、皮下和皮内注射）时，可在左右上臂、左右大腿分别接种，卡介苗选择上臂。

三、同时接种原则

（一）不同疫苗同时接种：两种及以上注射类疫苗应在不同部位接种。严禁将两种或多种疫苗混合吸入同一支注射器内接种。

（二）现阶段的国家免疫规划疫苗均可按照免疫程序或补种原则同时接种。

（三）不同疫苗接种间隔：两种及以上注射类减毒

活疫苗如果未同时接种，应间隔不小于 28 天进行接种。国家免疫规划使用的灭活疫苗和口服类减毒活疫苗，如果与其他灭活疫苗、注射或口服类减毒活疫苗未同时接种，对接种间隔不做限制。

四、补种通用原则

未按照推荐年龄完成国家免疫规划规定剂次接种的小于 18 周岁人群，在补种时掌握以下原则：

（一）应尽早进行补种，尽快完成全程接种，优先保证国家免疫规划疫苗的全程接种。

（二）只需补种未完成的剂次，无须重新开始全程接种。

（三）当遇到无法使用同一厂家同种疫苗完成接种程序时，可使用不同厂家的同种疫苗完成后续接种。

（四）具体补种建议详见第二部分“每种疫苗的使

用说明”中各疫苗的补种原则部分。

五、流行季节疫苗接种

国家免疫规划使用的疫苗都可以按照免疫程序和预防接种方案的要求，全年（包括流行季节）开展常规接种，或根据需要开展补充免疫和应急接种。

第二部分　每种疫苗的使用说明

一、重组乙型肝炎疫苗（乙肝疫苗，HepB）

（一）免疫程序与接种方法

1. 接种对象及剂次：按“0-1-6 个月”程序共接种 3 剂次，其中第 1 剂在新生儿出生后 24 小时内接种，第 2 剂在 1 月龄时接种，第 3 剂在 6 月龄时接种。

2. 接种途径：肌内注射。

3. 接种剂量：①重组（酵母）HepB：每剂次 10μg，无论产妇乙肝病毒表面抗原（HBsAg）阳性或阴性，新生儿均接种 10μg 的 HepB。②重组 [中国仓鼠卵巢（CHO）细胞]HepB：每剂次 10μg 或 20μg，HBsAg 阴性产妇所生新生儿接种 10μg 的 HepB，HBsAg 阳性产妇所生新生儿接种 20μg 的 HepB。

（二）其他事项

1. 在医院分娩的新生儿由出生的医院接种第 1 剂 HepB，由辖区接种单位完成后续剂次接种。未在医院分娩的新生儿由辖区接种单位全程接种 HepB。

2.HBsAg 阳性产妇所生新生儿，可按医嘱肌内注射 100 国际单位乙肝免疫球蛋白（HBIG），同时在不同（肢体）部位接种第 1 剂 HepB。HepB、HBIG 和卡介苗（BCG）可在不同部位同时接种。

3.HBsAg 阳性或不详产妇所生新生儿建议在出生后 12 小时内尽早接种第 1 剂 HepB；HBsAg 阳性或不详产妇所生新生儿体重小于 2000g 者，也应在出生后尽早接种第 1 剂 HepB，并在婴儿满 1 月龄、2 月龄、7 月龄时按程序再完成 3 剂次 HepB 接种。

4. 危重症新生儿，如极低出生体重儿（出生体重小于 1500g 者）、严重出生缺陷、重度窒息、呼吸窘迫综合征等，应在生命体征平稳后尽早接种第 1 剂 HepB。

5. 母亲为 HBsAg 阳性的儿童接种最后一剂 HepB 后 1 ~ 2 个月进行 HBsAg 和乙肝病毒表面抗体（抗 -HBs）检测，若发现 HBsAg 阴性、抗 -HBs 阴性或小于 10mIU/mL，可再按程序免费接种 3 剂次 HepB。

（三）补种原则

1. 若出生 24 小时内未及时接种，应尽早接种。

2. 对于未完成全程免疫程序者，需尽早补种，补齐未接种剂次。

3. 第 2 剂与第 1 剂间隔应不小于 28 天，第 3 剂与第 2 剂间隔应不小于 60 天，第 3 剂与第 1 剂间隔不小于 4 个月。

（一）免疫程序与接种方法

1. 接种对象及剂次：出生时接种 1 剂。

2. 接种途径：皮内注射。

3. 接种剂量：0.1mL。

（二）其他事项

1. 严禁皮下或肌内注射。

2. 早产儿胎龄大于 31 孕周且医学评估稳定后，可以接种 BCG。胎龄小于或等于 31 孕周的早产儿，医学评估稳定后可在出院前接种。

3. 与免疫球蛋白接种间隔不做特别限制。

（三）补种原则

1. 未接种 BCG 的小于 3 月龄儿童可直接补种。

2.3 月龄～3 岁儿童对结核菌素纯蛋白衍生物（TB-

PPD）或卡介菌蛋白衍生物（BCG-PPD）试验阴性者，应予补种。

3. 大于或等于 4 岁儿童不予补种。

4. 已接种 BCG 的儿童，即使卡痕未形成也不再予以补种。

三、脊髓灰质炎（脊灰）灭活疫苗（IPV）、二价脊灰减毒活疫苗（脊灰减毒活疫苗，bOPV）

（一）免疫程序与接种方法

1. 接种对象及剂次：共接种 4 剂，其中 2 月龄、3 月龄各接种 1 剂 IPV，4 月龄、4 周岁各接种 1 剂 bOPV。

2. 接种途径：

IPV：肌内注射。

bOPV：口服。

3. 接种剂量：

IPV：0.5mL。

bOPV：糖丸剂型每次 1 粒；液体剂型每次 2 滴（约 0.1mL）。

（二）其他事项

1. 如果儿童已按疫苗说明书接种过 IPV 或含 IPV 成分的联合疫苗，可视为完成相应剂次的脊灰疫苗接种。如儿童已按免疫程序完成 4 剂次含 IPV 成分疫苗接种，则 4 岁无须再接种 bOPV。

2. 以下人群建议按照说明书全程使用 IPV：原发性免疫缺陷、胸腺疾病、HIV 感染、正在接受化疗的恶性肿瘤、近期接受造血干细胞移植、正在使用具有免疫抑制或免疫调节作用的药物（例如大剂量全身类固醇皮质激素、烷化剂、抗代谢药物、TNF-α 抑制剂、IL-1 阻滞剂或其他免疫细胞靶向单克隆抗体治疗)、目前或近期曾接受免疫细胞靶向放射治疗。

（三）补种原则

1. 小于 4 岁儿童未达到 3 剂（含补充免疫等)，应补种完成 3 剂；大于或等于 4 岁儿童未达到 4 剂（含补充免疫等)，应补种完成 4 剂。补种时遵循先 IPV 后 bOPV 的原则。两剂次间隔不小于 28 天。对于补种后满 4 剂次脊灰疫苗接种的儿童，可视为完成脊灰疫苗全程免疫。

2. 既往已有三价脊灰减毒活疫苗（tOPV）免疫史（无论剂次数）的迟种、漏种儿童，用 bOPV 补种即可，不再补种 IPV。既往无 tOPV 免疫史的儿童，2019 年 10 月 1 日（早于该时间已实施 2 剂 IPV 免疫程序的省份，可根据具体实施日期确定）之前出生的补齐 1 剂 IPV，2019 年 10 月 1 日之后出生的补齐 2 剂 IPV。

四、吸附无细胞百白破联合疫苗（百白破疫苗，DTaP）、吸附白喉破伤风联合疫苗（白破疫苗，DT）

（一）免疫程序与接种方法

1. 接种对象及剂次：共接种5剂次，其中3月龄、4月龄、5月龄、18月龄各接种1剂DTaP，6周岁接种1剂DT。

2. 接种途径：肌内注射。

3. 接种剂量：0.5mL。

（二）其他事项

1. 如儿童已按疫苗说明书接种含百白破疫苗成分的其他联合疫苗，可视为完成相应剂次的DTaP接种。

2. 根据接种时的年龄选择疫苗种类，3月龄～5周岁使用DTaP，6～11周岁使用儿童型DT。

（三）补种原则

1.3 月龄～5 周岁未完成 DTaP 规定剂次的儿童，需补种未完成的剂次，前 3 剂每剂间隔不小于 28 天，第 4 剂与第 3 剂间隔不小于 6 个月。

2. 大于或等于 6 周岁儿童补种参考以下原则：

（1）接种 DTaP 和 DT 累计小于 3 剂的，用 DT 补齐 3 剂，第 2 剂与第 1 剂间隔 1～2 月，第 3 剂与第 2 剂间隔 6～12 个月。

（2）DTaP 和 DT 累计大于或等于 3 剂的，若已接种至少 1 剂 DT，则无须补种；若仅接种了 3 剂 DTaP，则接种 1 剂 DT，DT 与第 3 剂 DTaP 间隔不小于 6 个月；若接种了 4 剂 DTaP，但满 7 周岁时未接种 DT，则补种 1 剂 DT，DT 与第 4 剂 DTaP 间隔不小于 12 个月。

五、麻疹腮腺炎风疹联合减毒活疫苗（麻腮风疫

（一）免疫程序与接种方法

1. 接种对象及剂次：共接种 2 剂次，8 月龄、18 月龄各接种 1 剂。

2. 接种途径：皮下注射。

3. 接种剂量：0.5mL。

（二）其他事项

1. 如需接种包括 MMR 在内多种疫苗，但无法同时完成接种时，应优先接种 MMR 疫苗。

2. 注射免疫球蛋白者应间隔不小于 3 个月接种 MMR，接种 MMR 后 2 周内避免使用免疫球蛋白。

3. 当针对麻疹疫情开展应急接种时，可根据疫情流行病学特征考虑对疫情波及范围内的 6 ～ 7 月龄儿童接种 1 剂含麻疹成分疫苗，但不计入常规免疫剂次。

（三）补种原则

1. 自2020年6月1日起，2019年10月1日及以后出生儿童未按程序完成2剂MMR接种的，使用MMR补齐。

2.2007年扩免后至2019年9月30日出生的儿童，应至少接种2剂含麻疹成分疫苗、1剂含风疹成分疫苗和1剂含腮腺炎成分疫苗，对不足上述剂次者，使用MMR补齐。

3.2007年扩免前出生的小于18周岁人群，如未完成2剂含麻疹成分的疫苗接种，使用MMR补齐。

4. 如果需补种两剂MMR，接种间隔应不小于28天。

六、乙型脑炎减毒活疫苗（乙脑减毒活疫苗，JE–L）

（一）免疫程序与接种方法

1. 接种对象及剂次：共接种 2 剂次。8 月龄、2 周岁各接种 1 剂。

2. 接种途径：皮下注射。

3. 接种剂量：0.5mL。

（二）其他事项

1. 青海、新疆和西藏地区无乙脑疫苗免疫史的居民迁居其他省份或在乙脑流行季节前往其他省份旅行时，建议接种 1 剂 JE-L。

2. 注射免疫球蛋白者应间隔不小于 3 个月接种 JE-L。

（三）补种原则

乙脑疫苗纳入免疫规划后出生且未接种乙脑疫苗的适龄儿童，如果使用 JE-L 进行补种，应补齐 2 剂，接种间隔不小于12个月。

七、乙型脑炎灭活疫苗（乙脑灭活疫苗，JE-I）

（一）免疫程序与接种方法

1. 接种对象及剂次：共接种4剂次。8月龄接种2剂，间隔7～10天；2周岁和6周岁各接种1剂。

2. 接种途径：肌内注射。

3. 接种剂量：0.5mL。

（二）其他事项

注射免疫球蛋白者应间隔不小于1个月接种JE-I。

（三）补种原则

乙脑疫苗纳入免疫规划后出生且未接种乙脑疫苗的适龄儿童，如果使用JE-I进行补种，应补齐4剂，第1

剂与第 2 剂接种间隔为 7 ～ 10 天，第 2 剂与第 3 剂接种间隔为 1 ～ 12 个月，第 3 剂与第 4 剂接种间隔不小于 3 年。

八、A群脑膜炎球菌多糖疫苗（A群流脑多糖疫苗，MPSV—A）、A群C群脑膜炎球菌多糖疫苗（A群C群流脑多糖疫苗，MPSV—AC）

（一）免疫程序与接种方法

1. 接种对象及剂次：MPSV-A 接种 2 剂次，6 月龄、9 月龄各接种 1 剂。MPSV-AC 接种 2 剂次，3 周岁、6 周岁各接种 1 剂。

2. 接种途径：皮下注射。

3. 接种剂量：0.5mL。

（二）其他事项

1. 两剂次 MPSV-A 间隔不小于 3 个月。

2. 第1剂MPSV-AC与第2剂MPSV-A，间隔不小于12个月。

3. 两剂次MPSV-AC间隔不小于3年，3年内避免重复接种。

4. 当针对流脑疫情开展应急接种时，应根据引起疫情的菌群和流行病学特征，选择相应种类流脑疫苗。

5. 对于小于24月龄儿童，如已按流脑结合疫苗说明书接种了规定的剂次，可视为完成MPSV-A接种剂次。

6. 如儿童3周岁和6周岁时已接种含A群和C群流脑疫苗成分的疫苗，可视为完成相应剂次的MPSV-AC接种。

（三）补种原则

流脑疫苗纳入免疫规划后出生的适龄儿童，如未接种流脑疫苗或未完成规定剂次，根据补种时的年龄选择流脑疫苗的种类：

1. 小于 24 月龄儿童补齐 MPSV-A 剂次。大于或等于 24 月龄儿童不再补种或接种 MPSV-A，仍需完成两剂次 MPSV-AC。

2. 大于或等于 24 月龄儿童如未接种过 MPSV-A，可在 3 周岁前尽早接种 MPSV-AC；如已接种过 1 剂次 MPSV-A，间隔不小于 3 个月尽早接种 MPSV-AC。

3. 补种剂次间隔参照本疫苗其他事项要求执行。

九、甲型肝炎减毒活疫苗（甲肝减毒活疫苗，HepA-L）

（一）免疫程序与接种方法

1. 接种对象及剂次：18 月龄接种 1 剂。

2. 接种途径：皮下注射。

3. 接种剂量：0.5mL 或 1.0mL，按照相应疫苗说明书使用。

（二）其他事项

1. 如果接种 2 剂次及以上含甲型肝炎灭活疫苗成分的疫苗，可视为完成甲肝疫苗免疫程序。

2. 注射免疫球蛋白后应间隔不小于 3 个月接种 HepA-L。

（三）补种原则

甲肝疫苗纳入免疫规划后出生且未接种甲肝疫苗的适龄儿童，如果使用 HepA-L 进行补种，补种 1 剂 HepA-L。

十、甲型肝炎灭活疫苗（甲肝灭活疫苗，HepA-I）

（一）免疫程序与接种方法

1. 接种对象及剂次：共接种 2 剂次，18 月龄和 24 月龄各接种 1 剂。

2. 接种途径：肌内注射。

3. 接种剂量：0.5mL。

（二）其他事项

如果接种 2 剂次及以上含 HepA-I 成分的联合疫苗，可视为完成 HepA-I 免疫程序。

（三）补种原则

1. 甲肝疫苗纳入免疫规划后出生且未接种甲肝疫苗的适龄儿童，如果使用 HepA-I 进行补种，应补齐 2 剂 HepA-I，接种间隔不小于 6 个月。

2. 如已接种过 1 剂次 HepA-I，但无条件接种第 2 剂 HepA-I 时，可接种 1 剂 HepA-L 完成补种，间隔不小于 6 个月。

第三部分　常见特殊健康状态儿童接种

一、早产儿与低出生体重儿

早产儿（胎龄小于 37 周）和 / 或低出生体重儿（出生体重小于 2500g）如医学评估稳定并且处于持续恢复状态（无须持续治疗的严重感染、代谢性疾病、急性肾脏疾病、肝脏疾病、心血管疾病、神经和呼吸道疾病），按照出生后实际月龄接种疫苗。卡介苗接种详见第二部分“每种疫苗的使用说明”。

二、过敏

所谓“过敏性体质”，不是疫苗接种的禁忌证。对已知疫苗成分严重过敏或既往因接种疫苗发生喉头水肿、过敏性休克及其他全身性严重过敏反应的，禁忌继续接种同种疫苗。

三、人类免疫缺陷病毒（HIV）感染母亲所生儿童

对于HIV感染母亲所生儿童的HIV感染状况分3种：（1）HIV感染儿童；（2）HIV感染状况不详儿童；（3）HIV未感染儿童。由医疗机构出具儿童是否为HIV感染、是否出现症状、是否有免疫抑制的诊断。HIV感染母亲所生小于18月龄婴幼儿在接种前不必进行HIV抗体筛查，按HIV感染状况不详儿童进行接种。

（一）HIV感染母亲所生儿童在出生后暂缓接种卡介苗，当确认儿童未感染HIV后再予以补种；当确认儿童HIV感染，不予接种卡介苗。

（二）HIV感染母亲所生儿童如经医疗机构诊断出现艾滋病相关症状或免疫抑制症状，不予接种含麻疹成分疫苗；如无艾滋病相关症状，可接种含麻疹成分

疫苗。

（三）HIV 感染母亲所生儿童可按照免疫程序接种乙肝疫苗、百白破疫苗、A 群流脑多糖疫苗、A 群 C 群流脑多糖疫苗、白破疫苗等。

（四）HIV 感染母亲所生儿童除非已明确未感染 HIV，否则不予接种乙脑减毒活疫苗、甲肝减毒活疫苗、脊灰减毒活疫苗，可按照免疫程序接种乙脑灭活疫苗、甲肝灭活疫苗、脊灰灭活疫苗。

（五）非 HIV 感染母亲所生儿童，接种疫苗前无须常规开展 HIV 筛查。如果有其他暴露风险，确诊为 HIV 感染的，后续疫苗接种按照附表中 HIV 感染儿童的接种建议接种。

对不同 HIV 感染状况儿童接种国家免疫规划疫苗的建议见附表。

四、免疫功能异常

除 HIV 感染者外的其他免疫缺陷或正在接受全身免疫抑制治疗者，可以接种灭活疫苗，原则上不予接种减毒活疫苗（补体缺陷患者除外）。

五、其他特殊健康状况

下述常见疾病不作为疫苗接种禁忌：生理性和母乳性黄疸，单纯性热性惊厥史，癫痫控制处于稳定期，病情稳定的脑疾病、肝脏疾病、常见先天性疾病（先天性甲状腺功能减退、苯丙酮尿症、唐氏综合征和先天性心脏病）和先天性感染（梅毒、巨细胞病毒和风疹病毒）。

对于其他特殊健康状况儿童，如无明确证据表明接种疫苗存在安全风险，原则上可按照免疫程序进行疫苗接种。

表 HIV感染母亲所生儿童接种国家免疫规划疫苗建议

疫苗种类	HIV感染儿童		HIV感染状况不详儿童		HIV未感染儿童
	有症状或有免疫抑制	无症状和无免疫抑制	有症状或有免疫抑制	无症状	
乙肝疫苗	✓	✓	✓	✓	✓
卡介苗	×	×	暂缓接种	暂缓接种	✓
脊灰灭活疫苗	✓	✓	✓	✓	✓
脊灰减毒活疫苗	×	×	×	×	✓
百白破疫苗	✓	✓	✓	✓	✓
白破疫苗	✓	✓	✓	✓	✓
麻腮风疫苗	×	✓	×	✓	✓
乙脑灭活疫苗	✓	✓	✓	✓	✓
乙脑减毒活疫苗	×	×	×	×	✓
A群流脑多糖疫苗	✓	✓	✓	✓	✓
A群C群流脑多糖疫苗	✓	✓	✓	✓	✓
甲肝减毒活疫苗	×	×	×	×	✓
甲肝灭活疫苗	✓	✓	✓	✓	✓

注：暂缓接种表示确认儿童HIV抗体阴性后再补种，确认HIV抗体阳性儿童不予接种；“✓”表示“无特殊禁忌”，“×”表示“禁止接种”。